珠宝玉石鉴赏评价系列丛书

彩色宝石鉴赏评价

CAISE BAOSHI JIANSHANG PINGJIA

王 蓓 耿宁一 沈 喆 黄 瑛
周坚强 韦敦奎 宋永勤 编著

内 容 简 介

本书系统地介绍了有关彩色宝石的相关内容。包括彩色宝石概述、彩色宝石鉴评、彩色宝石各论和彩色宝石赏购，内容丰富、深入浅出、图文并茂、实用性较强，可作为广大珠宝玉石行业人员学习用书，也可供广大珠宝玉石爱好者学习参考。

图书在版编目(CIP)数据

彩色宝石鉴赏评价/王蓓等编著.—武汉：中国地质大学出版社，2019.12
ISBN 978-7-5625-4706-8

Ⅰ.①彩…
Ⅱ.①王…
Ⅲ.①宝石-鉴赏
Ⅳ.①TS933.21

中国版本图书馆 CIP 数据核字(2019)第 276495 号

彩色宝石鉴赏评价		王 蓓 等编著
责任编辑：阎 娟 陈 琪	选题策划：张晓红 张 琰	责任校对：张咏梅
出版发行：中国地质大学出版社(武汉市洪山区鲁磨路 388 号)		邮政编码：430074
电 话：(027)67883511	传真：(027)67883580	E-mail：cbb@cug.edu.cn
经 销：全国新华书店		http://cugp.cug.edu.cn
开本：787 毫米×960 毫米 1/16	字数：118 千字	印张：6
版次：2019 年 12 月第 1 版	印次：2019 年 12 月第 1 次印刷	
印刷：湖北新华印务有限公司		
ISBN 978-7-5625-4706-8		定价：48.00 元

如有印装质量问题请与印刷厂联系调换

彩色宝石以其丰富多彩、艳丽迷人的颜色，约定俗成、吉祥美好的寓意，为越来越多的国人所了解和喜爱。在这个追求时尚个性的年代，彩色宝石可以为日常佩戴、礼物挑选、收藏和投资等提供多样化和个性化的选择。

本书系统地介绍了有关彩色宝石的相关内容，包括彩色宝石概述、彩色宝石鉴评、彩色宝石各论和彩色宝石赏购。

编者将长期从事珠宝玉石鉴定研究、科普培训、经营管理积累的经验，以及近年来彩色宝石领域的新热点、新进展、新成果融汇其中。为了方便读者阅读理解，本书随文选配了大量的图片，图文并茂，实用性较强，可作为广大珠宝玉石行业人员学习用书，也可供广大珠宝玉石爱好者学习参考。

本书由王蓓策划编写定稿，耿宁一、黄瑛、沈喆分别参与第1～2章、第3章、第4章的编写，耿宁一参与统稿，沈喆参与图片处理。

本书的出版，得到业内许多朋友的帮助，得到中国地质大学出版社的支持。本书的图片除部分特别标注外均由浙江省浙地珠宝有限公司提供，同济大学亓利剑教授、北京博观国际拍卖有限公司、周大福珠宝集团以及远兮珠宝提供了部分图片，在此一并致谢！本书尚存不当之处，敬请读者批评指正。

王　蓓

2019年10月1日

1 彩色宝石概述 …… (1)

1.1 什么是彩色宝石 …… (1)
1.2 彩色宝石的颜色 …… (2)
1.3 彩色宝石的分类 …… (5)

2 彩色宝石鉴评 …… (9)

2.1 彩色宝石的优化处理 …… (9)
2.2 彩色宝石的鉴别 …… (13)
2.3 彩色宝石价值评价 …… (17)

3 彩色宝石各论 …… (22)

3.1 四大名贵彩色宝石 …… (22)
热情高贵——红宝石 …… (22)
雍容典雅——蓝宝石 …… (25)
永恒春天——祖母绿 …… (28)
灵动玄妙——猫眼 …… (31)
3.2 两大传统高档名玉 …… (33)
玉中之王——翡翠 …… (33)
君子之玉——和田玉 …… (39)
3.3 三大常见有机宝石 …… (44)
珠宝皇后——珍珠 …… (44)
深海情书——珊瑚 …… (48)
心有芬芳——琥珀 …… (51)

3.4　其他常见彩色宝石 ……………………………………………… (54)
人间彩虹——碧玺 ……………………………………………… (54)
海水精华——海蓝宝石 ………………………………………… (57)
深邃神秘——坦桑石 …………………………………………… (58)
女性之石——石榴石 …………………………………………… (60)
太阳宝石——橄榄石 …………………………………………… (62)
希望之石——托帕石 …………………………………………… (63)
印加玫瑰——红纹石 …………………………………………… (64)
自然精灵——欧泊 ……………………………………………… (65)
通透欲滴——葡萄石 …………………………………………… (67)

4　彩色宝石赏购 ……………………………………………… (69)

4.1　珠宝首饰设计与加工工艺 ………………………………… (69)
4.2　珠宝首饰佩戴与保养 ……………………………………… (80)
4.3　珠宝首饰选购 ……………………………………………… (86)

参考文献 ………………………………………………………… (90)

1 彩色宝石概述

1.1 什么是彩色宝石

碧玺项链

彩色宝石

彩色宝石，也称有色宝石，珠宝界习惯将钻石以外的所有宝石称为彩色宝石，包括各种有色宝石，也包括白色、黑色的宝石。本书彩色宝石指彩色天然珠宝玉石，包括宝石、玉石和有机宝石。

自然界几乎所有的颜色都可在宝石中找到，而且宝石中所蕴含的美丽色泽，是摄影、绘画都无法表现的。由于人类喜爱色彩的天性，彩色宝石在国内也是日趋流行。彩色宝石种类繁多，因此能够为不同阶层和喜好的人们带来极具个性化的选择。

1.2 彩色宝石的颜色

彩色宝石有着丰富的颜色，这些纯正、艳丽、多姿多彩的颜色带给人以无尽的美感。

(1)彩色宝石颜色成因

传统宝石学主要基于宝石的化学成分和外部构造特点，将宝石颜色划分为自色、他色和假色。

橄榄石(自色)　　蓝宝石(他色)　　月光石(假色)

宝石颜色的划分

自色

由作为宝石矿物基本化学组分中的元素而引起的颜色，如橄榄石。

他色

由宝石矿物中所含杂质元素引起的颜色。他色宝石在十分纯净时呈无色，当其含有微量致色元素时，可产生颜色，不同的微量元素可以产生不同的颜色。如刚玉，纯净时无色，含微量的铬元素时呈现红色(红宝石)，含微量铁和钛元素时呈现蓝色(蓝宝石)。

假色

假色与光的物理作用相关。宝石内常存在一些细小的平行排列的包裹体等，它们对光的折射、反射等光学作用产生的颜色就是假色，比如月光石的蓝色晕彩。

(2)彩色宝石颜色描述

彩色宝石颜色的描述，需要考虑色调、明度（也称亮度）、彩度（也称饱和度）以及颜色分布是否均匀等。

色调

不同色调的碧玺

色调是颜色的主要标志量，是各颜色之间相互区别的重要参数，由红、橙、黄、绿、青、蓝、紫及其他的一些混合色名加以表述。如：蓝宝石的色调可以分为蓝、微绿蓝、微紫蓝。

明度

明度(也称亮度)指颜色的明暗程度,是人眼对宝石表面的明暗感觉,是光对宝石的透射、反射程度,对光源来讲,相当于它的亮度,行业内常用很深、深、中、浅表述。按照国家标准,蓝宝石的明度分为明亮、较明亮、一般。

蓝宝石明度从暗到明亮

彩度

彩度(也称饱和度)指颜色的浓淡程度,是彩色的浓度或彩色光所呈现颜色的鲜艳程度或饱和度,行业内常用浅灰(褐)、中浓、浓、鲜艳表述。按照国家标准,红宝石的彩度分深红、艳红、浓红和红。

红宝石彩度从深红到红

例如描述一粒红宝石的颜色,可以采用“明度+彩度+色调”的方式描述为“深浓红色”。

商业上,对彩色宝石颜色表述时,会将其比作与之相似的花卉或水果颜色,并约定俗成。如红宝石的“鸽血红”“樱桃红”,蓝宝石的“矢车菊蓝”等。

鸽血红红宝石

矢车菊蓝蓝宝石

在赋予彩色宝石魅力的众多因素中，颜色是最重要的，很大程度上决定了彩色宝石的品质和价值。一般来说，颜色对彩色宝石品质价值的贡献权重约占50%。

1.3 彩色宝石的分类

商业上，习惯将彩色宝石按价值高低划分为"贵宝石"和"半宝石"两大类。

传统公认的"贵宝石"包括：红宝石、蓝宝石、祖母绿、金绿宝石猫眼。这四种宝石与钻石并称为"世界五大名贵宝石"。而通常被称做"半宝石"的宝石包括：碧玺、托帕石、水晶、石榴石、橄榄石、坦桑石等。

红宝石

蓝宝石

祖母绿

金绿宝石猫眼

贵宝石

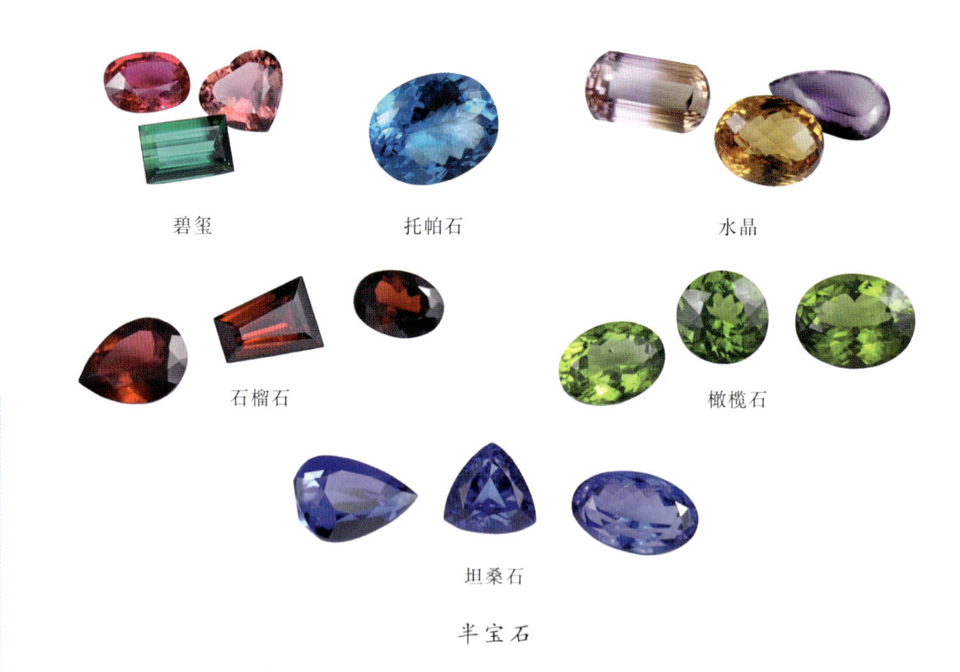
碧玺　托帕石　水晶
石榴石　橄榄石
坦桑石

半宝石

近些年来，市场需求日趋多样化，传统的“半宝石”价格也不断上升，商业上“贵宝石”和“半宝石”的价格界限开始变得模糊。

根据市场情况，我们将常见的彩色宝石分为四类。

名贵宝石：传统的、历来被人们所珍视的、价值较高的宝石，受到国际广泛认可，包括红宝石、蓝宝石、祖母绿、猫眼。

红宝石　蓝宝石　祖母绿　猫眼

高档玉石：深受消费者喜爱的玉石，也是国际上公认的高档玉石，包括翡翠、软玉（和田玉）。以其适中的硬度韧度、独具魅力的色泽、悠久的文化成为玉石之冠。

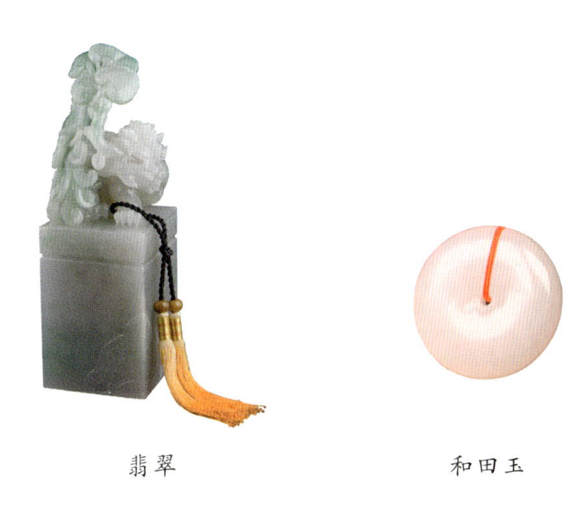

翡翠　　和田玉

常见有机宝石：有机宝石是指成因与动物、植物活动有关的宝石，市场常见的有机宝石包括珍珠、珊瑚与琥珀。

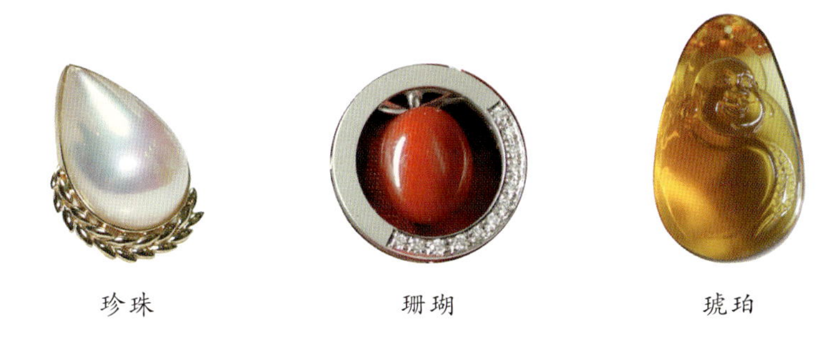

珍珠　　珊瑚　　琥珀

其他常见宝石：市场上常见的、广为大家熟知的、价格不像四大贵重宝石那样让人望而却步的宝石，如碧玺、坦桑石、石榴石、橄榄石等。

彩色宝石色彩斑斓、熠熠生辉，被人们赋予特殊的象征意义。

红宝石炙热的红色使人们总把它和热情、爱情联系在一起，被誉为“爱情之石”，象征着热情似火、爱情的美好、永恒和坚贞；蓝宝石的蓝色沉稳而庄重，象征着慈爱、诚实，星光蓝宝石又被称为“命运之石”，能保佑佩戴者平安，并给人带来好运；祖母绿的绿色给人以生机和活力，预示着会带来机遇和好运……

现代社会中，人们也将彩色宝石作为生辰石（见下表）、星座宝石、结婚纪念石。

生辰石

1月	2月	3月	4月	5月	6月
石榴石	紫水晶	海蓝宝石	钻石	祖母绿	珍珠/月光石
7月	8月	9月	10月	11月	12月
红宝石	橄榄石	蓝宝石	碧玺/欧泊	托帕石	绿松石/锆石

2 彩色宝石鉴评

彩色宝石的美是由颜色、透明度、光泽、特殊光学效应等多种因素构成的。

市场上彩色宝石种类繁多，新的优化处理工艺和各种合成品、仿制品层出不穷，而它们与天然彩色宝石价值相差甚远。

彩色宝石价值需要在鉴别真伪的前提下，进行多方面因素考量评价。

2.1 彩色宝石的优化处理

彩色宝石除切磨和抛光以外，用于改善其颜色、净度、透明度、光泽或特殊光学效应等外观及耐久性或可用性的所有方法被称之为优化处理。可以细分为优化和处理两类。

优化是指传统的、被人们广泛接受的、能使珠宝玉石潜在的美显现出来的优化处理方法，比如红蓝宝石的热处理。

处理是指非传统的、尚不被人们广泛接受的优化处理方法，比如玻璃充填处理红宝石。

属于处理的彩色宝石在交易时，必须特别标注说明，如果没有标注说明就是假货了！如红宝石（处理）、红宝石（玻璃充填处理）。

比较常见的优化和处理方法如下。

(1)热处理

热处理属于优化。将彩色宝石在一定条件下进行加热，使其颜色、透明度、净度、光学效应等外观特征得到明显改善。经过热处理后，宝石的颜色相对稳定，它是一种将宝石的潜在美展示出来并被人们所广泛接受的常见优化方法。

(2)辐照处理

辐照属于处理。利用辐照源辐照宝石，使被辐照的宝石产生颜色或改变颜色。如无色的托帕石经过辐照处理后会产生稳定的蓝色；无色的绿柱石可以经过辐照处理变成黄色。

辐照处理前后的托帕石

辐照处理后的黄色绿柱石

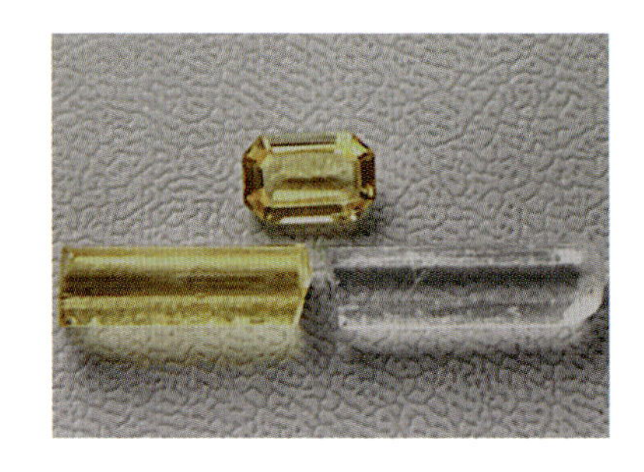

辐照处理前后的绿柱石

辐照处理(图片提供/亓利剑)

(3)裂隙充填处理

裂隙充填属于处理。采用各种充填材料(有色或无色油、人造树脂、蜡、玻璃等)在一定的条件下(如真空、加压、加热等),对宝石中开放的裂隙、孔洞、晶粒间隙直接进行充填处理,旨在掩盖裂隙或强化结构。红宝石、祖母绿等裂隙发育的宝石常常会进行充填处理。

充填处理海蓝宝石

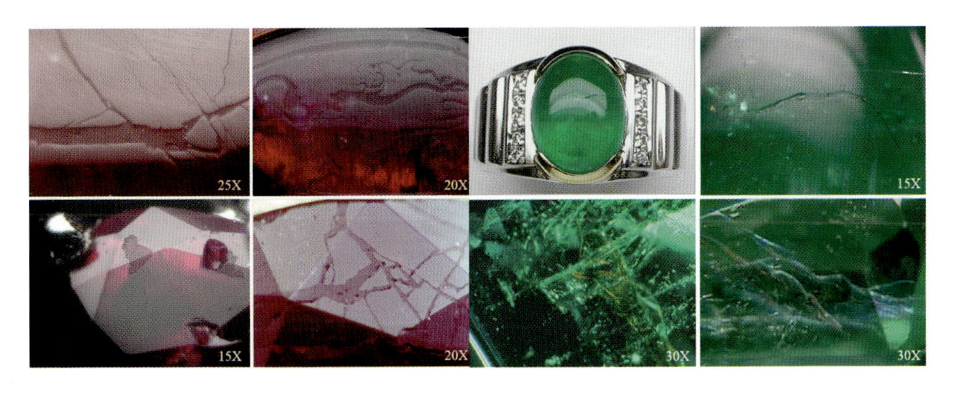

充填处理红宝石　　充填处理祖母绿

裂隙充填处理(图片提供/亓利剑)

(4)染色处理

染色属于处理。染色是一种古老的优化处理技术,主要选用一些不易褪色的无机和有机染料,通过技术手段对某些浅色宝石进行染色处理,使之着色。染色处理的方法目前广泛应用于各宝玉石材料，如翡翠、珊瑚、绿松石、石英岩等。

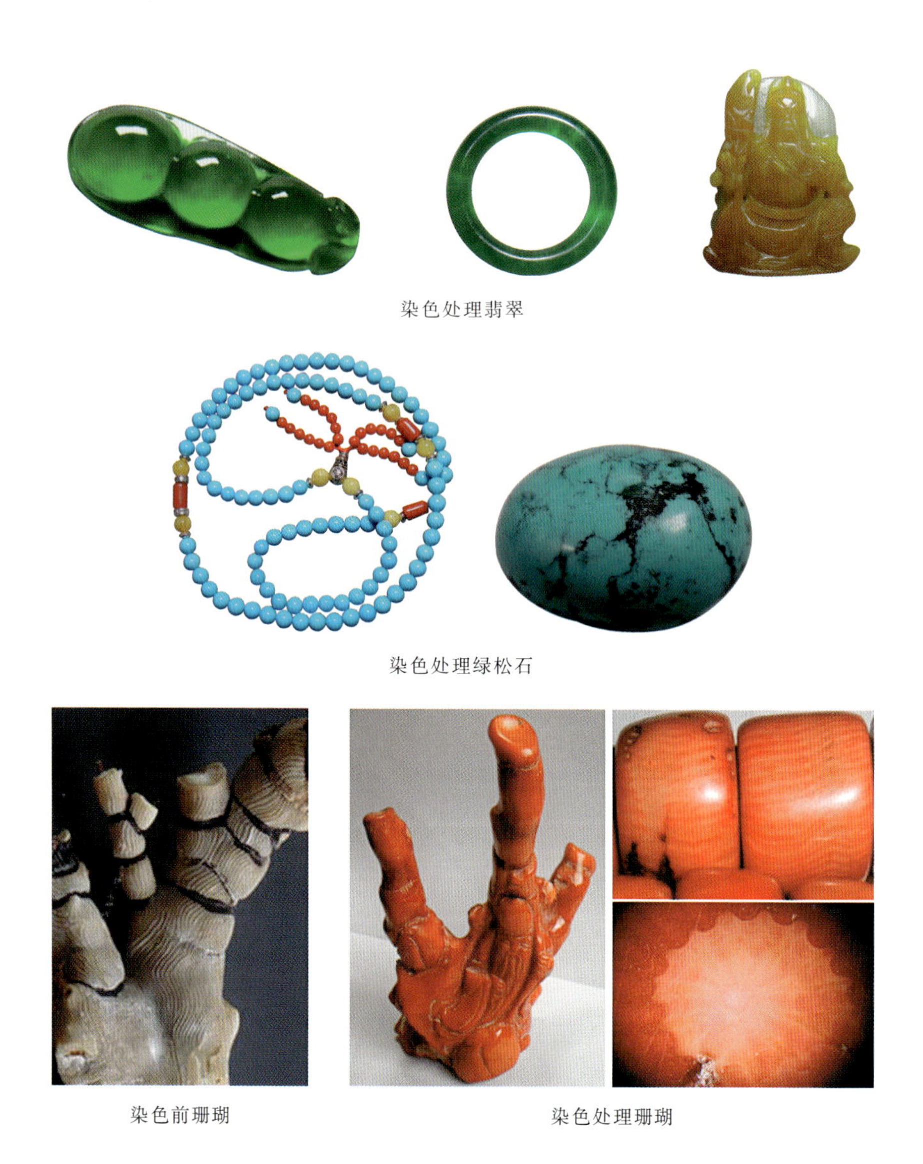

染色处理翡翠

染色处理绿松石

染色前珊瑚

染色处理珊瑚

染色处理（图片提供/亓利剑）

(5)涂覆、镀膜处理

涂覆、镀膜属于处理。涂覆、镀膜属于表面处理方法，其主要特点是采用一些无色或有色人造树脂材料均匀地附着在宝石表面，以期改变或改善宝石的视觉颜色及表面光洁度，或掩盖宝石的表面小坑、裂隙、划痕等缺陷。

消费者购买宝石时不要被其完美的外观所迷惑，不仅需要提防买到仿制品或者合成品，还要注意是否经过优化处理。

经过上述(2)至(5)种方法处理的宝石，交易中是需要标注说明的。一般来说，经过优化处理的宝石比天然的便宜，如果购买时商家已经明确标识说明，而性价比又合适的话，消费者可以适当选择。

2.2 彩色宝石的鉴别

(1)肉眼鉴别

肉眼鉴别是指通过眼睛观察宝石而确定宝石的某些特征，进而确定宝石品种，这是珠宝鉴定的基础。肉眼观察的内容包括：颜色、光泽、透明度、净度、特殊光学效应等。

颜色

许多彩色宝石具有特定的颜色，比如橄榄石的橄榄绿色就是其鉴别特征之一，有的宝石颜色很多变，像碧玺的颜色非常丰富，一件宝石可以呈现多种颜色。一方面我们可以根据宝石

多色碧玺

的颜色对宝石进行初步的种属界定，比如红色的就有可能是红宝石、红碧玺、尖晶石、石榴石，缩小了鉴别范围。另一方面，我们可以通过颜色观察来评判彩色宝石颜色的优劣，比如颜色鲜艳的红宝石比颜色浅、饱和度低的红宝石价格要高很多。

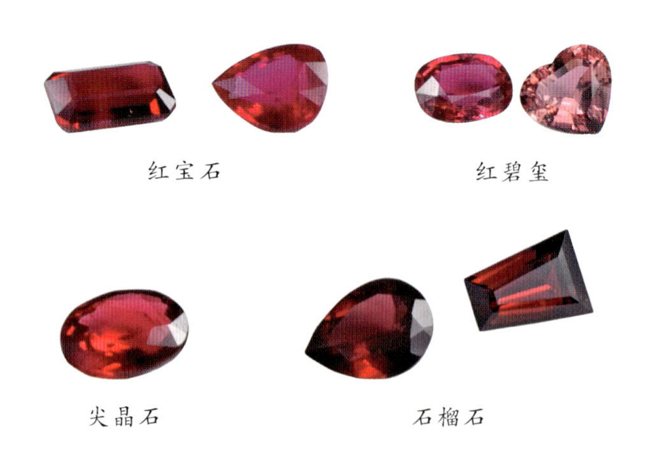
红宝石　红碧玺
尖晶石　石榴石

光泽

光泽是指宝石表面对可见光的反射能力。有些宝石会具有比较特征的特殊光泽，比如珍珠的珍珠光泽、虎睛石的丝绢光泽、琥珀的树脂光泽。这些特殊的光泽有助于宝石的鉴别。

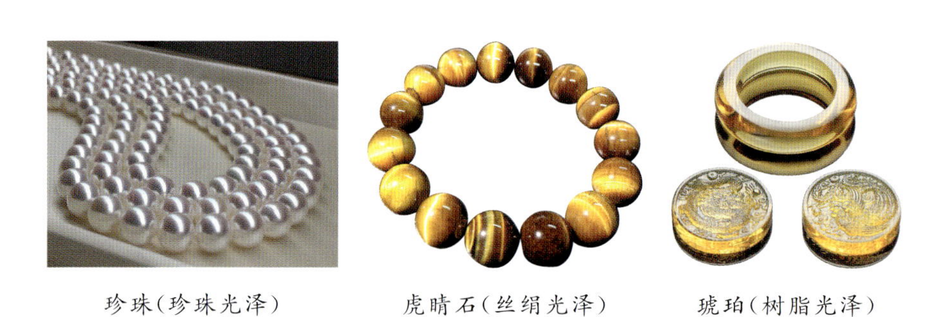
珍珠（珍珠光泽）　虎睛石（丝绢光泽）　琥珀（树脂光泽）

透明度

透明度是指宝石对可见光的透过程度，宝石的大小、颜色、内部杂质等因素都会影响宝石的透明度。透明度可以给彩色宝石种属的鉴别提供指导，一般来说，宝石的透明度普遍高于玉石的透明度。

净度

净度即宝石的纯净度，宝石的内外部净度特征是很好的鉴定依据。祖母绿常常可见裂隙或者愈合裂隙；橄榄石因为双折射比较高可以看到重影现象；蓝宝石可能会看到六边形色带。

橄榄石重影

蓝宝石色带

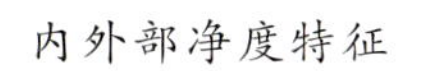

内外部净度特征

特殊光学效应

仅有少数宝石品种具有特殊光学效应，因此特殊光学效应对彩色宝石的鉴别具有很重要的意义。常见的特殊光学效应有：猫眼效应、星光效应、变色效应、变彩效应。

猫眼效应

猫眼效应是指在平行光线照射下，以弧面形切磨的某些珠宝玉石表面呈现的一条明亮

星光效应

光带，随珠宝玉石或光线的转动而移动的现象。具有猫眼效应的宝石有金绿宝石、碧玺、祖母绿、海蓝宝石等。

星光效应是指在平行光线照射下，以弧面形切磨的某些珠宝玉石表面呈现出两条或两条以上交叉亮线的现象。常见具有星光效应的宝石有石榴石（四射或者六射星光）、红宝石/蓝宝石（常见六射星光）等。

变色效应是指在不同可见光光源照射下，珠宝玉石呈现明显颜色变化的现象。具有变色效应的宝石有变石、蓝宝石、石榴石等。

日光下呈绿色

白炽灯下呈红色

变石不同光源下呈现的变色效应（图片提供/亓利剑）

变彩效应（图片提供/远兮珠宝）

变彩效应是指宝石的特殊结构对光的干涉或衍射作用而产生的颜色，随光源或观察方向变化而变化的现象，如欧泊。

(2)放大观察

放大观察是肉眼鉴别的进一步扩展，可以观察到肉眼无法看到的宝石内外部的某些细微特征，是鉴别宝石的重要内容之一。一般来说，经过专业训练后，采用放大镜或者显微镜观察宝石的表面特征及内部特征，可以帮助确定宝石的种类，区分合成宝石与天然宝石，判断优化处理手段。

(3)仪器鉴定

除了放大镜、显微镜以外，专业珠宝鉴定实验室在鉴定过程中还常常借助偏光镜、分光镜、二色镜、折射仪、滤色镜、荧光灯等辅助仪器。

在彩色宝石的研究鉴定中，越来越多的现代大型检测仪器设备得以应用。如红外光谱仪、紫外-可见分光光度计、X 射线荧光光谱仪、X 射线衍射仪、电子探针、扫描电镜、拉曼光谱仪和阴极发光仪等，它们为准确快速地鉴定宝石提供了科学手段。作为普通消费者，需要准确判断真伪时可以向当地的专业珠宝检测机构寻求帮助。

2.3 彩色宝石价值评价

彩色宝石价值的影响因素复杂，除了彩色宝石本身的品质之外，还与宝石的稀有性、产地、市场需求等有关。

(1)彩色宝石的品质

彩色宝石以质论价，其品质的高低直接影响价值，同种宝石品质不同，价值相差极为悬殊。

彩色宝石的品质评价主要包括颜色、净度、切工、大小以及是否具有特殊光学效应等方面。

颜色

我们看到彩色宝石第一眼的感觉来自颜色，因此彩色宝石的颜色是决定其品质和价值的最主要因素。

对彩色宝石的颜色评价，如前所述，要从色调、彩度、明度及颜色分布是否均匀等方面来考虑。

彩色宝石颜色越鲜艳、越饱和、越均匀越好。红宝石的“鸽血红”、蓝宝石的“矢车菊蓝”、祖母绿的“穆佐绿”都是很受欢迎的颜色。一般来说，同一种宝石，颜色鲜艳的比暗色的价值要高，彩色的比白色和黑色的价值要高，比如碧玺、珊瑚等。

净度

净度是指宝石内外部纯净程度，净度是综合衡量宝石内含物的多少、大小及位置的指标。所谓“内含物”一般就是常说的杂质或瑕疵。彩色宝石的净度分级没有钻石严格，净度的判断以肉眼观察为主，通常宝石的净度越高，价值越高。

内含物中的裂纹会影响宝石的净度级别，进而影响宝石价值。常言“十宝九裂”，可见裂纹在天然宝石中的普遍性。购买时应该客观评价裂隙对宝石价值的影响，如大小、位置、宝石种类等，选择的关键在于性价比。

有的内含物不仅不会给宝石带来负面影响，反而会提升宝石本身的价值，比如：密集平行排列的针状内含物使宝石产生猫眼或星光效应；市场流行的发晶、水胆水晶也是因其内含物而价值大增；有可以证明产地特征的内含物的宝石也很受一些藏家的欢迎。

切工

一颗宝石，只有经过适当的切磨加工，才能绽放出迷人的光彩。彩色宝石对于切工的要求远远没有钻石严格，以肉眼判断为准。彩色宝石的切工设计的主要目的是要使其颜色达到最佳的状态，同时要求获得最大的亮度与火彩。

切工评价需要考虑比例、对称性和抛光，但不同宝石的最佳比例也是不同的，要求尽可能展现亮度、火彩并除去或隐藏不好看的内含物。

切割的形状会因个人喜好而不同，但对最佳亮度与火彩的追求却是相同的。彩色宝石切工比例好、对称性好、抛光好，才会有好的火彩和亮度。

大小(克拉质量)

宝石一般以“克拉”(ct)为质量单位，以克拉计价。1g等于5ct，1ct等于100分。

大小是最明确的价值因素，一般来说宝石的克拉质量越大，价值越高，但也不是线性增长，会有“克拉溢价”。随着质量的增大，价格逐渐上升，但每逢5、10等整数分数时，价格会明显上升，即使只有一分之差，1ct的价格也要远远高于99分，这是真正的“失之毫厘，差之千里”。

宝石种类不同，其大小的定义也完全不同。比如一颗5ct的祖母绿，若品质优秀则非常昂贵，而一颗20ct的紫晶则很常见，价格也不会很高。

特殊光学效应

具有特殊光学效应的彩色宝石具有独特的评价因素，没有固定的模式，应根据不同的特点来评价其品质。

比如具有猫眼效应的宝石可以从以下几方面评价：眼线是否居中，是否尖锐清晰；眼线的开合是否清晰、灵活；内部是否存在会引起损伤的裂隙或气液包裹体；有无外部瑕疵；亭部厚度是否协调。

(2)彩色宝石的产地

通常在确定彩色宝石的价值时，产地会起很重要的作用，比如最漂亮的红宝石产地首推缅甸，蓝宝石以印度克什米尔、斯里兰卡为优选，祖母绿价值最高的产地首推哥伦比亚。但是，并不能一味迷信产地，知名产地可以提供好的品质，但并不绝对，同一产地不同矿区，甚至同一矿区，也会产出不同品质的宝石。其他产地也可以产出高品质的宝石。普通消费者，了解产地可供选购时参考，但更需要关注彩色宝石本身的品质，如颜色、火彩亮度、切割形状、干净程度等。何况，宝石的产地鉴别也是非常专业、非常困难的。

(3)稀有性和市场需求

宝石稀有与否会直接影响其价值，比如稀有的红宝石就比外观相近但产量大的石榴石贵很多。市场供需情况也影响彩色宝石的价值，比如坦桑石、碧玺曾经价格低廉，但近些年受市场追捧价格逐渐走高。祖母绿的祖母绿琢型相对其他琢型的接受度更高，自然价格也相对较高。

坦桑石

碧玺

祖母绿琢型

(4)其他因素

除以上因素外，彩色宝石的价值还与名人佩戴、名匠切磨、成套搭配、历史背景、政治事件等因素相关。

许多彩色宝石矿床都是很小型的，而且位于遥远的、不易开采的地区。一方面已发现的储量稀少，另一方面开采困难，在市场上能够看到的高品质彩色宝石数量远远少于钻石，故真正高品质彩色宝石的价值可以超过钻石。

彩色宝石不仅仅具有装饰和礼品的功能，更具有收藏和投资的价值。优质彩色宝石相对于喜爱它的人们总是显得那么的稀缺，故而成为了无数收藏家所追逐的目标。优质的缅甸红宝石近几年的价格增长超过10倍，一些国际知名的理财机构如私人银行的专家建议："对于家庭理财的合理配置，其中要有至少10%的资产要配置于非传统投资，如优质天然的收藏级宝石和高级珠宝。"

在彩色宝石选购鉴评过程中，要综合考虑上述各方面因素以及自身需求，如果仅是为了日常佩戴装饰，则不必一味追求过高品质级别，但若是为了投资收藏，则推荐选购顶级品质的宝石。

3 彩色宝石各论

3.1 四大名贵彩色宝石

热情高贵——红宝石

红宝石为7月的生辰石，也是结婚40周年的纪念石。据说佩戴红宝石可以使人健康长寿、聪明智慧，因此红宝石成了祝福母亲的最佳礼物。红宝石炙热的红色使人们把它和热烈的爱情联系在一起，更被誉为“爱情之石”。欧洲的王室将红宝石作为婚姻的见证，至今，仍可以在王室的婚礼中看到红宝石的身影。在中国，父母则将红宝石作为祝福女儿的嫁妆。

红宝石戒指

英文名	Ruby
成分	Al_2O_3
硬度	9
相对密度	4
折射率	1.762～1.770

红宝石的矿物学名称为刚玉。完全纯净的刚玉本是无色，但因为微量的铬元素在生长过程中进入了刚玉晶体，使其呈现出红色，成了我们所说的红宝石。

红宝石摩氏硬度为9，仅次于钻石，化学性质非常稳定。可显示星光效应，发育完好的星光可使宝石价值倍增。

对于红宝石，国际上并没有统一、详细的分级标准，但是关注的重点基本一致。中国国家标准对于红宝石的品质评价，主要考量“3C1B”：颜色(Color)、净度(Clarity)、质量(Carat)和火彩(Brilliance)。

对红宝石价值影响最大的是颜色，颜色越鲜艳、越均匀越好。根据色调可分为红、紫红、橙红3个类别，根据彩度又可分为深红、艳红、浓红、红色4个级别。其中艳红最为浓艳饱满，品质最高，商业上又称“鸽血红”。所谓“鸽血红”是一种颜色饱和度较高的纯正的红色，在整体范围内表现出一种“蜜糖状”结构，传统上由缅甸出产。

红宝石的火彩能为其添光增色，好的切工才能带来灵动的火彩，具有较好火彩的红宝石价值也更高。根据红宝石火彩的观察难易度，从高到低可划分为极好、很好、好、一般4个级别。火彩会受宝石本身颜色明度、深浅、切工质量、表面光洁程度的影响。简单说就是越闪越好。

完全纯净的红宝石很少见，只要肉眼观察洁净，就算品质不错了。根据内含物可见程度，红宝石的净度可划分为极纯净、纯净、较纯净和一般4个级别。行业内常说“十红九裂”，意味着红宝石裂隙发育明显，因此净度好的天然红宝石价值不菲。

此外，红宝石的价值与它的质量大小有密切关系。天然红宝石晶体较小，2ct以上的优质红宝石即可视为珍品。

红宝石戒指(图片提供/周大福珠宝)

红宝石的主要产地有缅甸、泰国、斯里兰卡、越南、莫桑比克、中国等。

缅甸抹谷曾是世界最主要的优质红宝石产地，著名的鸽血红红宝石就是产于该地。随着缅甸红宝石产量下降，优质红宝石矿源日趋枯竭。幸运的是，2007 年起在非洲莫桑比克矿区开采出优质的红宝石。这个新矿出产的红宝石，净度高，颜色也不错，产量还很丰富。在 2014 年，GRS(瑞士宝石研究鉴定所)将莫桑比克的红宝石列入可出具“鸽血红”的红宝石产地之一。

选购Tips

在珠宝市场选购红蓝宝石常常可以听到商家讲“有烧”或者“无烧”。“烧”指的是热处理，无烧即没有经过热处理的宝石，同样品质无烧红蓝宝石的价格远远高于有烧红蓝宝石。当然，“烧”后的宝石颜色稳定，并且在行业内非常普遍，所以全世界的宝石实验室都认可经过加热优化的还是天然红蓝宝石，不需要做特殊说明。

同时要注意，玻璃充填红蓝宝石及合成红蓝宝石在市场中也很常见，只要商家明确标识便无可厚非，若冒充天然宝石不做标识，以次充好、以假充真，则属欺骗消费者的行为。

雍容典雅——蓝宝石

作为9月的生辰石、结婚45周年的纪念石，人们相信蓝宝石能带来好运、繁荣。在不同的文化和信仰中，蓝宝石都与皇室、贵族和宗教息息相关，传说佩戴蓝宝石能获得智慧、忠诚、吉祥和圣洁。

蓝宝石项链（右：周大福珠宝提供）

蓝宝石是指“刚玉族宝石中除了红宝石外其他颜色宝石的统称”。因此蓝宝石的颜色可分为蓝色、粉色、黄色、紫色、橙色等。

英文名	Sapphire
成分	Al_2O_3
硬度	9
相对密度	4
折射率	1.762～1.770

对蓝宝石的评价，着重从颜色(Color)、净度(Clarity)、质量(Carat)、火彩(Brilliance)（简称“3C1B”）等方面进行级别划分。

颜色和火彩是蓝宝石品质分级中最重要、最直观的因素。颜色越深越均匀，越接近宝蓝色越好。特别值得注意的是，当艳蓝或浓蓝中不具有轻微紫色调时，对应的商业名称为“皇家蓝”；当艳蓝或浓蓝中具有轻微紫色调时，对应的商业名称为“矢车菊蓝”，这两种蓝宝石颜色明度大，鲜艳悦目，是深受大家喜爱的高品质蓝宝石颜色的代名词。

闪烁的火彩，是宝石动人的魅力。火彩跟底部切割面有关，底部切割面多，火彩也相对好。斯里兰卡蓝宝石除颜色鲜艳外，因其底部切割面多，看起来更闪烁漂亮。

净度是蓝宝石展现晶莹剔透的一个必要条件。蓝宝石相对红宝石净度更好，蓝宝石的净度划分为极纯净、纯净、较纯净和一般 4 个级别。内含物的大小、多少会影响宝石的价值，一般以肉眼看不见为原则，裂纹相对内含物影响更大。刻面的比蛋面的价格贵很多，一般蛋面的内部内含物会多一点。透明度越高、质量越大，蓝宝石价值越高。

形状以个人喜爱为原则，一般以椭圆为最贵。

此外，具有星光效应的蓝宝石具有较高的收藏价值，优质星光蓝宝石星线的交会点位于宝石中央，星线完整、明亮、灵活。同时也要关注颜色是否鲜艳、是否有裂、透明度如何。

蓝宝石的产地主要有缅甸、泰国、柬埔寨、斯里兰卡、印度克什米尔、澳大利亚、中国等。

其中以印度克什米尔地区的“矢车菊蓝”的蓝宝石最为著名。由于内部分布了细小的丝状内含物，矢车菊蓝蓝宝石，拥有一种朦胧的略带紫色调的浓重靛蓝色，关键是还有一种天鹅绒般的独特质感和外观。相比矢车菊蓝蓝宝石，皇家蓝蓝宝石的产地比较丰富，缅甸、斯里兰卡都有产出，其中以缅甸产出的最佳，也最具代表性。

矢车菊蓝蓝宝石

除了蓝色系，其他颜色的蓝宝石也越来越受消费者欢迎。

帕帕拉恰蓝宝石

帕帕拉恰蓝宝石也别具魅力，它的颜色呈现一种不同深浅的粉橙色，又被称作莲花刚玉。帕帕拉恰蓝宝石比较稀有，价格比其他颜色的彩色蓝宝石高很多。

帕帕拉恰蓝宝石

黄色蓝宝石

黄蓝宝在刚玉家族中也是声名赫赫，从浅浅的柠檬黄到深沉的威士忌黄都有，一般浅色的价格便宜些。黄蓝宝的价格比红宝石和蓝色蓝宝石低很多，可以作为入门级刚玉宝石选购收藏。

黄色蓝宝石

粉色蓝宝石

很多年轻消费者不喜欢红宝石的浓烈，更偏爱少女系的粉蓝宝。粉蓝宝颜色有粉色、粉紫色等，主要产地在斯里兰卡，价格以带紫色调、粉紫色调的为高。

粉色蓝宝石/紫色蓝宝石

永恒春天——祖母绿

作为5月的生辰石，祖母绿代表着春天大自然的美景和万物盎然的生命力，是信心和永恒不朽的象征。祖母绿是“绿宝石之王”，象征着希望、幸福、仁慈，是世界五大名贵宝石之一。其特有的绿色和独特的魅力，以及神奇的传说，深受西方人的青睐。人们对祖母绿的喜爱历史悠久，在古埃及时代就已被

英文名	Emerald
成分	$Be_3Al_2(Si_2O_6)_3$
硬度	7.5～8
相对密度	2.72
折射率	1.577～1.583

用作珠宝，16 世纪中叶，欧洲的王公贵族竞相以佩戴祖母绿为时尚，祖母绿也是各国王室的收藏宠儿。近年来，祖母绿也愈来愈受到国人的喜爱。

祖母绿戒指

祖母绿的矿物名称为绿柱石，绿柱石的硬度为 7.5～8，是一个宝石的大家族，海蓝宝石、摩根石也是这个家族的成员。

祖母绿有着最美丽、最饱和、最让人惊艳的绿色——祖母绿色。最优质的祖母绿甚至可以比钻石价值更高。祖母绿的品质评价，一般从颜色、透明度、净度、切工、质量几个方面进行。

不同颜色的祖母绿

选择祖母绿，首先关注颜色，其次是净度。祖母绿的颜色有浅绿色、翠绿色至深绿色，而优质的祖母绿以不带杂色或稍带有黄或蓝色色调，中至深绿色为好，颜色要均匀。清澈明亮、晶莹通透者为佳品，半透明的相对普通。祖母绿内含物十分丰富，高净度的祖母绿尤其珍贵。祖母绿解理、裂隙比较发育，非常易碎，所以祖母绿通常被切割成四边形阶梯状，常常把 4 个角磨去，这种切工可以将祖母绿较深的绿色很好地体现出来。弧形的祖母绿和刻面的祖母绿价格有很大差距，品质差或裂隙较多的祖母绿一般切磨成弧面形或串珠。祖母绿的晶体不大，经切磨后，品质极优，质量在 2ct 以上者，已属罕见，如质量在 5ct 以上更是难得的珍品了。

祖母绿硬度虽高，但质地较脆，应注重保养，特别要避免碰撞、高温浸泡或超声波清洗等。

祖母绿内裂痕

祖母绿产地很多，其中主要产地是哥伦比亚、巴西、俄罗斯、赞比亚、津巴布韦、坦桑尼亚。世界上最好的祖母绿产自于哥伦比亚，哥伦比亚祖母绿呈透明的翠绿色、淡翠绿色，色泽鲜艳纯正。赞比亚是优质祖母绿的新兴产地，其出产的宝石净度高，呈绿色、蓝绿色和暗绿色，颜色鲜艳，但略带灰色调。在祖母绿的总产量上，巴西仅次于哥伦比亚，巴西祖母绿颗粒较大，但色泽较淡且透明度不好。在祖母绿的世界，矿区产地就像血统一样，直接决定着祖母绿的价值。同样颜色、净度、级别的祖母绿，来自哥伦比亚的要比赞比亚或巴西的高出几倍的价格。

选购Tips

因为天然祖母绿内部常常有石纹，有80%左右的祖母绿都会浸无色油，以充填石纹使外观看起来更美丽，这是世界公认可接受的优化方式。但如果浸绿色有色油或者玻璃充填裂隙则不能算天然祖母绿，是需要明确标注为处理的。另外，合成祖母绿在东南亚旅游市场非常常见，消费者应该特别关注并读懂证书，明确知晓自己买的是天然的宝石，还是合成宝石或是经过处理的宝石。

灵动玄妙——猫眼

若猫之明眸，随光而动，灵活明亮，奇异玄妙，惹人喜爱。猫眼是珠宝中稀有而名贵的品种，东南亚和中亚人士认为猫眼能带来好运，保佑主人健康长寿，带来财富。猫眼又叫“寻梦石”“祝福石”，象征爱、力量、希望、祝福与友谊。

英文名	Cat's - eye
成分	$BeAl_2O_4$
硬度	8～8.5
相对密度	3.73
折射率	1.746～1.755

猫眼戒指（图片提供/周大福珠宝）

猫眼是指具有猫眼效应的金绿宝石。在所有宝石中，具有猫眼效应的宝石品种很多，但在国家标准中，只有具备猫眼效应的金绿宝石，才能命名为猫眼。猫眼的宝石里含有许多细长平行分布的“纤维状”内含物，所以加工成弧面形宝石后，能对光产生集中反射，出现一条光带，在聚光手电的照射下，转动的猫眼宝石会一开一合，酷似猫的眼睛，“猫眼”也因此得名。

猫眼宝石品质的好坏、价值高低取决于颜色、亮带、质量以及琢型的完美程度。挑选猫眼，首选颜色，基底色主要以棕黄色或蜜黄色为佳；二看眼线，眼线正而灵活为上品，亮带居中，连续、清晰、摆动灵活为佳，眼线的颜色以银白色和金黄色最好。另外，杂质裂隙越少、透明度越高，价值越高。猫眼通常切割成弧面宝石，一般5ct以上的猫眼较有收藏价值，10ct以上的高品质猫眼可价值百万美元。

猫眼宝石

猫眼宝石非常珍贵稀少，世界上最著名的猫眼石产地为斯里兰卡，巴西等国也有产出。斯里兰卡还是变石猫眼的唯一产地。

亚历山大变石

变石也是金绿宝石中的著名品种，是为了纪念俄国皇帝亚历山大而命名的，只有金绿宝石变石才能直接命名为变石，其他具有变色效应的宝石必须要加上宝石名称命名，比如变色刚玉、变色石榴石。最好的变石在白光下呈现蓝绿色，在黄光下变成紫红色，主要产自俄罗斯，其次产在巴西，目前常见的变石大多来自马达加斯加、坦桑尼亚。选购变石主要看变色是否明显，其次看净度如何，优质的变石非常罕见，价格也十分惊人。

3.2 两大传统高档名玉

玉中之王——翡翠

英文名	Jadeite
硬度	6.5～7
相对密度	3.34
折射率	1.66(点测)

红为翡，绿为翠，当艳红色羽毛的翡鸟与浓绿色羽毛翠鸟相遇，它们的名字就幻化成了“玉石之王”——翡翠。自清朝以来，翡翠因其色彩绚烂，玉质细腻，且蕴含无限寓意，一直被国人所追捧。

翡翠(图片提供/博观拍卖)

翡翠是以硬玉为主要矿物成分的玉石。在反射光下借助放大镜，可在翡翠的成品表面见到点状、线状及片状闪光，珠宝界称这种现象为“翠性”，俗称“苍蝇翅”。它是由硬玉解理面反光造成的。

翡翠颜色主要有绿色、黄色、红色、紫色、青色、黑色、白色，以及各种各样的过渡色。总体来看以绿色为最佳，优质的红翡和紫罗兰价值也较高。

在珠宝界，对翡翠的一些颜色有特定称谓。如“翡”指各种深浅的红色或黄色；“翠”指各种深浅不一的绿色；“春”指紫红色，紫色翡翠也称紫罗兰；“彩”代表纯正绿色。

翡翠的不同颜色组合也有特定的含义。春带彩——紫色、绿色、白色相掺，有春花怒放之意。福禄寿——红色、绿色、紫色同时存在于一块翡翠上，象征吉祥如意，代表福、禄、寿三喜。

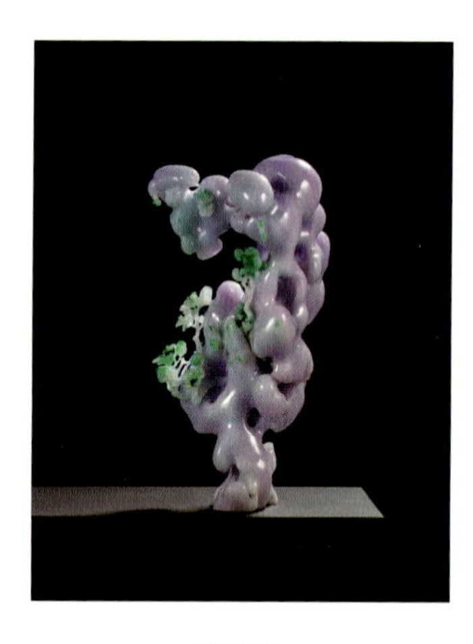

春带彩

福禄寿

翡翠颜色组合的特定含义（图片提供/博观拍卖）

高档的翡翠必须有色有种。所谓“有色”，主要指翡翠中的翠绿色，要求绿得越艳越好；所谓“有种”，主要指翡翠质地细腻润滑、通透清澈、光泽晶莹而凝重。不同品质的翡翠价格差别很大，决定价格的因素，也综合反映在颜色、结构和透明度、净度、工艺、质量大小等方面，涉及行业中常提及的“色”“种”“水”“地”“工”等俗称。

“阳、浓、正、和”这 4 个字高度概括了翡翠的颜色要素。“阳”指颜色亮度高，鲜艳而明亮；“浓”指颜色的饱和度高，浑厚浓重，饱和度越高颜色越深；“正”指颜色纯正；“和”指绿色要均匀柔和。

阳绿翡翠挂件(图片提供/博观拍卖)

颜色不一定越深越好,对绿色者是以深和中深为佳,即不浓不淡最适中,很深或浅淡则欠佳,而对黄色、紫色和黑色者则一般是越浓越深越好。

黄色与紫色翡翠(图片提供/博观拍卖)

翡翠的绿色中往往混有黄色或蓝色甚至灰色，这样就会降低其美感，从而降低其价格。

翡翠的结构和透明度又称翡翠的质地，也影响翡翠的价值。

翡翠的种

商业上常提到翡翠的“种”，它是指翡翠的矿物组成、颜色、结构、透明度等对翡翠品质的综合影响。以下列举几种常见的翡翠“种”：

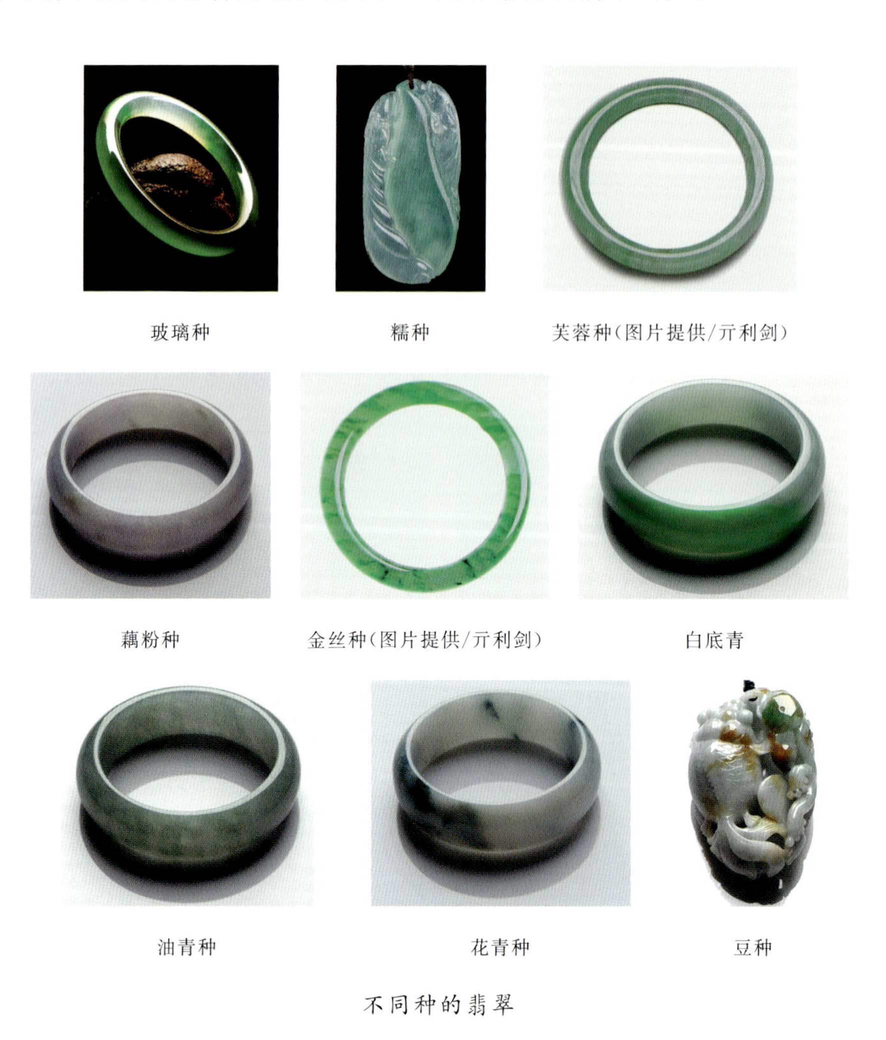

玻璃种　糯种　芙蓉种（图片提供/亓利剑）

藕粉种　金丝种（图片提供/亓利剑）　白底青

油青种　花青种　豆种

不同种的翡翠

玻璃种:颜色符合浓、阳、正、和,透明度高的翡翠,是翡翠中的最高档品种。

糯种:是指翡翠像糯米经蒸捣后表现出的细腻、温润、半透明的一种特征。肉质不仅细腻,而且密度较高,水头足。

芙蓉种:一般为淡绿色,不含黄色调,绿色清澈、纯正,质地细腻,为半透明状;其色虽不浓,但很清雅,虽不透,但也不干,属于中档偏上的翡翠。

藕粉种:藕粉种质地细腻如藕粉,颜色呈浅粉紫红色,结构与芙蓉种相近,但更为细腻。浅浅的粉紫红色常常与翠共生,形成协调的组合。

金丝种:指颜色呈条状、丝状,并排列呈顺丝、片丝状于浅底之中,而且丝状色带往往颜色浓郁。

白底青:底白如雪,绿色在白色上显得很鲜艳,白绿分明。这一品种透明度差,多为中档翡翠,少数绿白分明、绿色艳丽且色形好。色地非常协调的,可归为高档翡翠。

油青种:颜色明显不纯,含有灰色、蓝色的成分,因此较为沉闷,不够鲜艳,但其结构细腻,透明度较好。若其颜色比较深沉,在翡翠界又称之为“瓜皮油青”。

花青种:颜色较浓艳,但分布没有规则性,不均匀,有的较密集,有的较疏落,质地有粗有细,底色多为浅绿或浅灰。

豆种:翡翠家族中很常见的品种,其晶体颗粒大多呈短柱状,像一粒粒豆子一样排列在翡翠内部。由于晶体粗糙,光泽和透明度往往不佳。

行业内,翡翠的“水”特指其透明度。透明度好称为“水头足”或“水头长”,玉石会显得非常晶莹剔透,给人以“水汪汪”的感觉;透明度差的称为“水头差”或“水头短”,玉石会显得很“干”或“死板”。

戒面、耳环等小件的翡翠首饰,一般颜色比透明度更重要;而大件首饰,如手镯、吊坠等,在一定情况下,透明度可能比颜色更重要。

翡翠的裂纹和杂质会影响翡翠的美观和耐久性,降低翡翠的品质。裂纹在翡翠中普遍存在,但是可分为假裂纹、愈合裂纹和真正的裂纹,前两种在评价翡翠时只当作瑕疵来看待,只有真正的裂纹会对翡翠品质产生较大的影响。自然界中没有一点裂纹的翡翠极少。只有对裂纹的大小、位置、分布、深浅进行综合分析，才能判断出裂纹对翡翠价值的影响程度。

透明度好

透明度差

不同透明度翡翠的比较（图片提供/博观拍卖）

翡翠价值跟其工艺的精湛度和质量大小有密切的关系。正所谓“玉不琢不成器”，艺术家们巧夺天工的雕琢赋予了翡翠丰富的文化内涵。对于挂件、摆件等来说，巧妙构思、造型优美、技艺娴熟、做工精细将起决定性作用。手镯则要求整体均匀美观，无裂隙。对于戒面、耳钉等饰品，要求突出颜色、切工规整（长宽比例协调、饱满，线条流畅）、抛光优良。

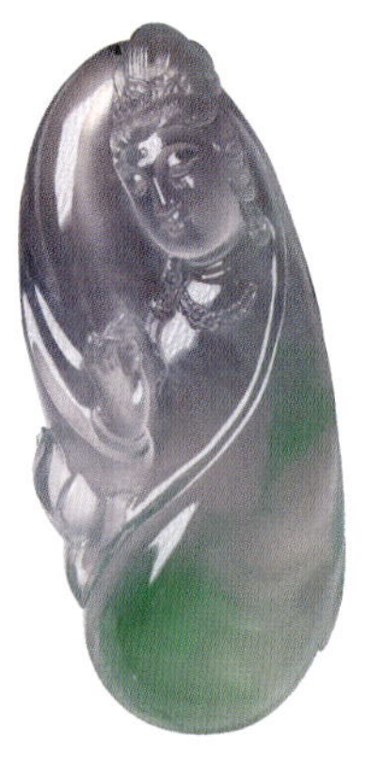
线条优美

比例得当

翡翠的工艺价值

同等情况下，翡翠体积、质量越大，价值就越高。对于高档翡翠来说，体积影响更大，例如珠链、手镯均需较多的原料来制作，相对于同品质的小件来说价值更高。

世界上最优质的翡翠产于缅甸，此外日本、俄罗斯、哈萨克斯坦等也有翡翠产出。

选购Tips

翡翠的A货即天然翡翠，B货为充胶处理的翡翠，C货为染色处理的翡翠，B+C为染色充胶处理的翡翠。消费者偶在旅游景点买到B货、B+C货或C货，这种翡翠不仅没有收藏价值，对身体也没有益处，需要多加注意。

A货翡翠

B货翡翠表面酸蚀网纹

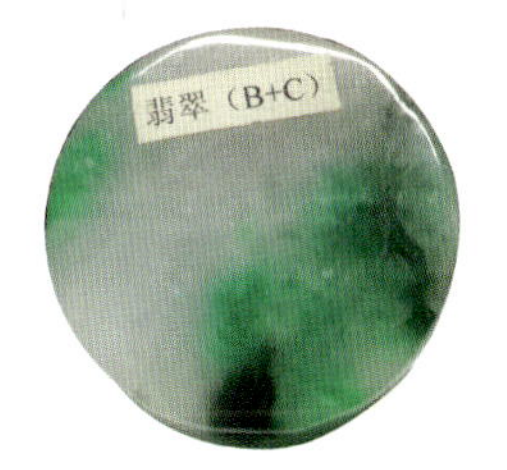

B+C货翡翠

另外市场上还会出现水沫子、染色石英岩、玻璃等仿翡翠销售，在此提醒大家购买要到正规商场，并且要求出具权威证书。

君子之玉——和田玉

国家标准中，把软玉称为和田玉，泛指以透闪石为主（含量一般在95%以上）的玉石。

英文名	Nephrite
硬度	6～6.5
相对密度	2.95
折射率	1.60～1.61(点测)

和田玉也常被称为“中国玉”。古人认为玉具有“仁、义、智、勇、洁”君子之五德。和田玉制品的艺术创作和雕琢技巧成为中华文化宝库中一颗灿烂的明珠，无愧为“东方瑰宝”。

黑皮　枣红皮　洒金皮

黄皮　墨玉　碧玉

糖玉　青玉（远兮珠宝）

不同皮色的白玉（图片提供/博观拍卖）

和田玉按颜色可分为白玉、青玉、青白玉、碧玉、墨玉、糖玉。白玉是和田玉中的优质者，纯白至稍带灰、绿、黄色调，其中羊脂白玉白如凝脂，温润纯净，有油脂般的光泽，是新疆和田玉中最知名、最名贵的品种。青玉为浅灰至深灰的黄绿、蓝绿色，颜色均一，质地细腻。介于白玉和青玉之间者为青白玉。碧玉为翠绿至绿色的软玉，颜色纯正者为佳。墨玉为灰黑至黑色，黑白相间的颜色可用于俏色作品。糖玉为黄褐至褐色，似红糖色，糖玉往往和白玉或青白玉呈渐变过渡关系，颜色以血红色最好。按颜色特征还有一些传统叫法，如“黄玉”——淡黄到蜜蜡黄色，黄中闪绿，色多浅淡、少见浓者，色浓时极贵重，若颜色“黄如蒸栗”，则不次于羊脂白玉。

和田玉品质可从颜色、质地、光泽、透明度、净度和质量大小等几方面进行评价。

颜色：颜色最好鲜艳均匀明快、无杂色。以白色为最佳色调，价值最高。对不同色调其浓度的要求不同，对绿色者以中深浓度最佳；对白色者则越白越好；对黑色者则越黑越好。一般是颜色越纯正越好，越鲜艳越好。

质地：要求质地致密、细腻、纯净、无瑕疵。抛光后要求使饰品产生滋润感。

光泽：油脂光泽越强越好，羊脂玉为质量最高，就是由于其油脂光泽强，显油性滋润。

透明度：不同色调对透明度的要求有所不同，对于黄色、绿色者一般是透明度越高越好，而对白色者则微透明最佳。

净度：净度取决于其杂质和瑕疵的多少。裂隙越大、越多，质量越差，在做雕件时需要挖脏去绺。

质量大小：块度即质量越大价值越高。

不同产状的和田玉价值不同。和田玉按产状，又可分为四大类：山料、山流水料、籽料、戈壁料。

山料：山料就是原生矿床，指经地质作用形成的未经搬运的原生矿，是籽料、山流水料的母岩。山料块度大小不一，外观棱角清晰锋利，形态各异，断口参差不齐，玉石内部质量难以把握，质地常不如籽料，又称山玉、碴子玉,古代叫“宝盖玉”。

山流水料:是山料经风化崩落,并被洪水冲刷搬运至河流中上游的玉石,其特点是距原生矿床较近,玉石的棱角稍有磨圆,表面较光滑。山流水料是山料的下游,籽料的上游,品质介于山料与籽料之间。山流水料暴露在地表上,经历风化作用,容易形成褐黄、黄、褐红的风化皮壳。

籽料:指原生矿(山料)经长期的分化、搬运、冲击,磨圆成卵石状,玉质细腻、结构致密部分保留下来,所以品质最好。籽料主要产于河流的中下游,经过千万年的水侵蚀和风化作用,形成风化皮壳。由于河水土壤的沁色,使籽料外表皮色彩斑斓,有红、黄、褐、黑、灰、白等颜色,行业内会以其皮色命名籽料,如红皮籽料。色彩斑斓的皮色各具特色,好的皮色是籽料价值倍增的重要因素。籽料的产出非常稀少,价值昂贵,市面上很多造假皮色混充籽料,购买时需特别谨慎。

戈壁料:是散落于戈壁滩上的和田玉。其特征为棱角清晰,外表凹凸不平。以具有黄褐色皮壳的青玉、青白玉、碧玉、墨玉较普遍,白玉极少出现。

籽料原石(图片提供/博观拍卖)

和田玉分布广泛,以我国新疆和田县产最为有名,青海、辽宁岫岩也有产出。俄罗斯、韩国、加拿大、新加坡、美国等地也均有产出。

新疆和田以产白玉籽料著名,是羊脂白玉的主要产地。新疆和田玉的矿物颗粒细小均匀,毛毡状纤维交织结构,决定了材质的细腻、温润、软糯,油脂感强,这是其他产地软玉不具有的特点。

俄罗斯软玉晶粒的粗细、排列不够均匀,透闪石含量不稳定,质感不够细糯，而显得有些“刚”，往往白度、色泽、温润度都够，唯独缺乏细腻的程度。俄罗斯的碧玉品质很好。

青海软玉的特点是透明度较高且常有细脉状“水线”，缺乏油润感。主要有白玉、青白玉、青玉、糖玉等品种。其中最具特色的是翠青玉与烟青玉。

青海翠青玉

俄罗斯碧玉

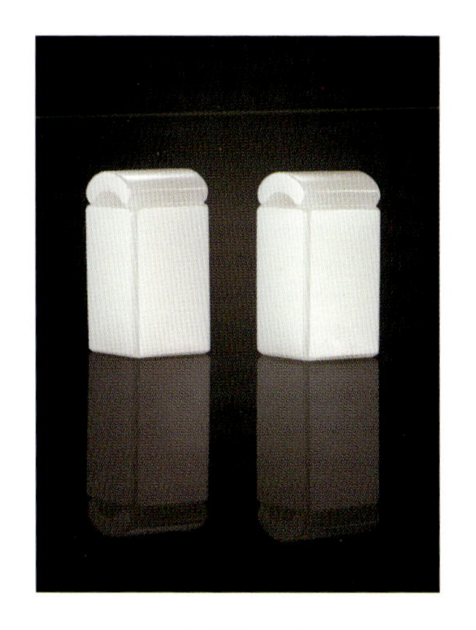

俄罗斯白玉

新疆羊脂白玉

不同产地的和田玉（图片提供/博观拍卖）

选购Tips

软玉的仿制品常有石英岩(京白玉、东陵玉)、大理岩(汉白玉、阿富汗玉)、岫玉、玻璃等,这些仿品价格通常比较低廉,雕工和质地都很差。市场上还有很多人工染色处理的软玉,仿古玉或者是仿籽料皮色,古玉的鉴赏、断代非常难,如果价格昂贵还请谨慎购买。

3.3 三大常见有机宝石

珠宝皇后——珍珠

珍珠色彩柔和、珠光耀人,自古以来就以其美丽的外观和独特的光泽,备受人们青睐,被誉为“珠宝皇后”。我国古代珍珠有“真珠”“蚌珠”“南珠”“明珠”等称谓,古人视珍珠为宝物,“珠宝”在古代主要指珍珠。

珍珠是由贝类或者蚌类动物生成的一种具有珍珠质的生物矿物。珍珠主要由碳酸钙的矿物微晶构成,具有珍珠光泽,颜色是其体色、伴色和晕彩综合的颜色。根据体色可以分为白色系列、红色系列、黄色系列、黑色系列和其他。珍珠的表面硬度较低,需要细心保养。

英文名	Pearl
硬度	2.5～4.5
相对密度	海水珍珠:2.61～2.85 淡水珍珠:2.66～2.78
折射率	1.530～1.685

各色珍珠

珍珠分类表

按照生长水域	海水珍珠、淡水珍珠
按照结构	有核珍珠、无核珍珠
根据产地	南洋珠（白色南洋珠、金色南洋珠、黑色大溪地珍珠）、日本海水珍珠、中国海水珍珠、中国淡水珍珠
另外还有一类被称为珍珠但却并没有珍珠质，如海螺珍珠、美乐珠	

贝附珍珠

珍珠按照是否附壳可以分为游离珍珠、贝附珍珠两种。贝附珍珠是一种植入贝母体内附着在贝壳上长成的珍珠。贝附珠侧面成枣核形，形状依照植入的核成长，通常非常稳定。正面光滑似普通珍珠，呈现介于珍珠和贝母之间的光泽，有类似贝母的晕彩，表面常见彩虹色；背面是典型的贝母，看起来和砗磲一样。

珍珠的价值主要取决于珍珠品质的优劣，珍珠的品质影响因素主要有珍珠的大小、形状、颜色、光泽、光洁度、珍珠层厚度和匹配性。

优质珍珠表面应有均匀的强珍珠光泽并带有彩虹般的晕彩。一般来说，珍珠层越厚光泽越强，表面越柔润。

中国人大都偏爱白色珍珠，色泽愈白愈珍贵。玫瑰红色、淡玫瑰红色和粉白也是受大众欢迎的颜色。而黑色的珍珠同样是珠中珍品，受世界时尚潮流影响，一些年轻人比较偏爱黑色珍珠，因其产量较少，显得尤为珍贵且价格不菲。金色的珍珠也愈来愈得到人们的喜爱。

珍珠以正圆为最佳，近圆次之，梨形、长圆形、半圆形形状也倍受人们欢迎。有些异形珠，若色泽、大小理想，通过设计，也能镶出情趣盎然的饰品。

珍珠的大小决定其本身的价值，“七分珠，八分宝”，珍珠一般越大越稀有，也就越昂贵。

珍珠表面瑕疵愈少，品质愈佳。

对珍珠首饰而言，除了每颗珍珠的品质外，总体上的相似性和外观上的协调一致性也非常重要。

我国是淡水珍珠的生产大国，据相关数据记载，我国淡水珍珠产量约占全球所有珍珠的75%，约占全球所有淡水珍珠的95%，主要产于浙江、江苏、江西、湖北、安徽一带，颜色多种多样。

日本的 akoya 海水珍珠，主要产于日本三重县、雄本县、爱媛县一带的濑户内海，和中国海水珍珠为同一品种，均由马氏贝产出，由于选择的是强壮的母贝，加上良好的养殖和加工技术，闻名遐迩。

日本 akoya 海水珍珠

我国也产 akoya 海水珍珠，主要在中国南海、广西合浦、广西北海、广东湛江一带。另外，我国不仅有马氏贝海水养殖珍珠——南珠，而且有白唇贝、黑唇贝，可以产出养殖白、黑南洋珍珠，也为金色珍珠的生产提供了基本条件。

黑色珍珠

大溪地是黑珍珠最著名的产地。得到当地黑蝶贝的赐予，在大溪地孕育出了其他地方几乎没有的黑色系珍珠，直径一般在 9mm 以上。世界上 95%以上的黑珍珠产于此，因此也叫作“大溪地珍珠”。

南洋珍珠产于南太平洋，母贝是白蝶贝，个体最大。色泽与颗粒体积均无与伦比的南洋珠，颜色有银白、粉色、银色、金色、淡金色、玫瑰红色等。许多品味极高的人士都对其爱不释手。

其中，澳大利亚、菲律宾、印度尼西亚是南洋白色珍珠的三大产地，印度尼西亚还盛产金色珍珠。金色珍珠目前虽然在缅甸、马来西亚、日本、中国、澳大利亚等有产出，但是产量较少，而且一般情况下，金色珍珠与白色南洋珍珠共生或伴生在一起，只有印度尼西亚是世界上唯一独立养殖金色珍珠的国家。

白色珍珠

金色珍珠

选购Tips

常见的珍珠仿制品是塑料、玻璃或者贝壳涂一层珍珠光泽的涂层来假冒真珍珠，假珍珠大小均一、光泽呆滞死板、孔洞处可看到涂层剥落，比较容易分辨。除了仿制珍珠以外，染色珍珠与辐照改色的处理珍珠也偶见市场，尤其是处理珍珠仿金珠、黑珍珠，普通消费者很难辨别，还需珠宝鉴定师借助专业仪器鉴别。

深海情书——珊瑚

红珊瑚作为结婚35周年纪念石，历来被视为祥瑞幸福之物，象征幸福与永恒。它与金、银、珍珠、玛瑙、琥珀、琉璃并列为佛教七宝。

英文名	Coral
硬度	3～4
相对密度	2.65
折射率	1.486～1.658

注：本书特指红珊瑚、白珊瑚。

珊瑚(图片提供/远兮珠宝)

珊瑚是珊瑚虫的骨骼堆积物,形态多呈树枝状,上面有纵条纹,每个单体珊瑚横断面可有同心圆状和放射状条纹。珊瑚按照颜色可以分为红珊瑚、白珊瑚、黑珊瑚、黑金珊瑚和金珊瑚,其中红珊瑚最受欢迎也最为珍贵,在贸易中红珊瑚也被称之为贵珊瑚。红珊瑚包括阿卡珊瑚、摩摩珊瑚、沙丁珊瑚等品种。

阿卡(AKA)珊瑚

摩摩(MOMO)珊瑚

沙丁(Sadinia)珊瑚

红色系列珊瑚(图片提供/远兮珠宝)

阿卡(AKA)珊瑚是红珊瑚中最重要、价值最高的品种，颜色主要为浓红色，优质者称为“牛血红”“辣椒红”等。透明度较其他品种高，结构紧实细密、纹路细腻，称之为“玻璃感”，往往具有白芯，白芯附近的颜色常不均匀。

摩摩(MOMO)珊瑚的颜色主要是桃红色至朱红色，也有橙黄至橙红色，此外还有粉色，优质者称为“天使肌肤”或“天使面”。常为油脂光泽，不透明，结构紧实细密、纹路明显，具有“瓷感”，一般也具有白芯，红色部分较均匀。

沙丁(Sadinia)珊瑚颜色与阿卡珊瑚和摩摩珊瑚类似，透明度较差，表面常有虫眼，沙丁珊瑚无白芯。

珊瑚的品质评价主要从品种、颜色、质地、形状与雕工、大小5个方面进行。

阿卡珊瑚

摩摩珊瑚

各色珊瑚(图片提供/远兮珠宝)

珊瑚中最具价值的是红珊瑚，其次是白珊瑚，其他品种的珊瑚市场认可度较低。总体而言，阿卡珊瑚价值最高，摩摩珊瑚中的“天使肌肤”品种，均匀的粉色也很受市场欢迎。美丽的色彩是珊瑚的魅力所在，珊瑚的颜色一般越鲜艳价格越高，并且要求颜色均匀、杂色调少。

白珊瑚则以纯白色为佳，依次为瓷白色、灰白色。珊瑚的质地越致密坚韧，瑕疵越少，形状与雕工越完美，块度越大，价值越高。

早期，地中海是珊瑚的主要产地，目前最大的珊瑚产区是中国台湾，由于捕捞速度远远大于珊瑚生长速度，使得台湾周围海域的珊瑚数量锐减，近年来则多在巴士海峡、日本海域和夏威夷附近捕捞。

选购Tips

常见的珊瑚处理方法有充填、染色等，市场上的染色珊瑚很多，通常是将白色的珊瑚品种染成红色，因其具有天然珊瑚的结构特征，消费者很容易混淆，不过孔隙中可以看到染料的集中现象。也有少量的吉尔森法"合成"珊瑚，其实是用方解石粉末黏制成的，并不是真正意义的合成珊瑚。

心有芬芳——琥珀

琥珀，是"时光的凝固，静止的永恒"，它凝结了千百万年的生物能量，拥有无数神奇美丽的传说和故事。琥珀因其柔和的质感、美丽的色泽、神秘的内含物，使人们对这种独特的宝石充满喜爱。

蜜蜡

琥珀，通俗地说就是6000万～3000万年前的一种植物的树脂化石，是一种有机宝石。琥珀的硬度低，质地轻，可以称得上是最轻的宝石。

英文名	Amber
硬度	2～2.5
相对密度	1.08
折射率	1.54

蜜蜡

金珀

血珀（图片提供/远兮珠宝）

蓝珀

虫珀

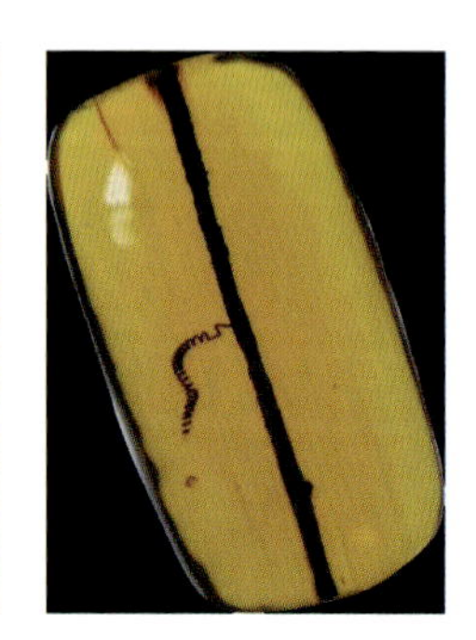

植物珀

不同种类的琥珀

琥珀按其基本特征进行分类：半透明至不透明的琥珀称之为蜜蜡；棕红色至红色透明的称之为血珀；黄色至金黄色透明的称之为金珀；浅绿至绿色

透明的称之为绿珀，较稀少；蓝珀透视观察体色为黄、棕黄、黄绿和棕红等色，自然光下呈现独特的不同色调的蓝色，紫外光下呈蓝色荧光，主要产于多米尼加；虫珀是包含有昆虫或其他生物的琥珀；植物珀是包含有植物（如花、叶、根、茎、种子等）的琥珀。

琥珀按产地可以分为海珀和矿珀。海珀以波罗的海沿岸国家出产的最为著名（如波兰、俄罗斯、立陶宛等）。海珀透明度高、质地晶莹、品质极佳。矿珀主要分布于缅甸及中国抚顺，常产于煤层中，与煤精伴生。

商业上，琥珀的品种分类更为丰富。比如，金绞蜜——当透明的金珀与半透明的蜜蜡互相绞缠在一起时，形成一种黄色的具绞缠状花纹的琥珀。行业上根据金珀和蜜蜡的比例不同，还有金包蜜、金带蜜等叫法。香珀——具有香味的琥珀，一般为质地紧密的白蜜蜡。花珀——内含物丰富多彩如花瓣而得名。明珀——又称为“水珀”或“柠檬珀”，指的是颜色极其淡雅且透明度极高的琥珀，颜色比金珀浅，个别的近似于透明色。

不同种类的琥珀，评价标准不同，一般从颜色、透明度、包裹体及块度 4 个方面考量。高品质的蜜蜡一般内部杂质少，成色为乳白、象牙白、鸡油黄、蜜糖色、褐黄色、褐红色，并且颜色均匀，蜡质紧密，上手油润度好。如果是白花蜜蜡，要看纹路是否独特。金绞蜜要看蜜蜡和琥珀的比例和分布，最好是呈现半蜜半珀状。对虫珀、植物珀的挑选首看内含物，以昆虫或植物清晰，形态栩栩如生、质地上乘、个体大、数量多为佳。

琥珀的产地遍布全世界，主要有欧洲的波罗的海沿岸国家，俄罗斯西伯利亚北部，地中海西西里岛，中美洲的多米尼加和墨西哥，亚洲的中国、缅甸和马来西亚，北美洲的美国南部和加拿大，大洋洲的澳大利亚和新西兰等。波罗的海沿岸的琥珀产量较大，品种非常多，颜色也丰富，有黄、红、褐、白、蓝、绿色等。缅甸是世界上重要的琥珀产地之一，缅甸琥珀主要产于缅甸北部地区，其中血珀和金珀较受消费者的追捧。多米尼加是顶级蓝珀的出产地，在自然光或深色底色下，优质的多米尼加蓝珀颜色能达到纯净的天蓝色。墨西哥出产的蓝珀又被称为蓝绿珀，在自然光下会带有蓝绿色调。

选购与保养Tips

琥珀的热处理是常见的优化处理方式，可以实现改善净度、改变颜色（仿血珀、仿老蜜蜡）、产生“太阳光芒”包裹体（爆花）。

市场还有再造琥珀出现，是利用琥珀碎屑压制成型，商业上被称为“二代琥珀”，琥珀再造的主要目的是充分利用琥珀资源，制作琥珀工艺品，但也有一些不法商家将其混入天然琥珀中销售，以假乱真。

常见的琥珀仿制品主要有柯巴树脂和塑料，柯巴树脂是半石化的植物树脂，属于琥珀演化过程的中间产物。琥珀仿制品的鉴别很有难度，购买时建议索取权威鉴定证书。

琥珀硬度低，不要用毛刷清洗，不能磕碰，要单独存放，不要与指甲油、汽油、香水等有机溶剂接触。血珀首饰怕高温，不可长时间置于阳光下或暖气旁，如果空气过于干燥会产生裂纹。

3.4 其他常见彩色宝石

人间彩虹——碧玺

碧玺是10月的生辰石，象征美好的希望，象征幸福、平安和祥和。此外，因谐音“辟邪”，碧玺又被称为“辟邪之石”。

碧玺是宝石级电气石的总称，碧玺种类丰富，色彩斑斓，价格区间又比较宽，颇受大众喜爱。主要有红色系列、蓝色系列、绿色系列，还有黄碧玺、紫碧玺、黑碧玺、无色碧玺等。

英文名	Tourmaline
硬度	7～8
相对密度	3.06
折射率	1.624～1.644

碧玺（右：图片提供/周大福珠宝）

对于碧玺来说，评价要素有颜色、透明度和净度、切工、质量几个方面，其中颜色最为重要。

优质的碧玺的颜色为玫瑰红、紫红色，粉红色价值较低。绿色碧玺以祖母绿色最好，黄绿色次之。蓝碧玺少见，价值也很高。

紫红色

玫红色

粉红色

祖母绿色

各色碧玺

除了颜色外，优质碧玺还应晶莹无瑕，切工规则，比例对称，抛光好。如果有特殊的光学效应，还可以提升碧玺的价值。

帕拉伊巴碧玺：1989年在巴西帕拉伊巴地区发现，含铜碧玺呈现深蓝绿、紫蓝色，以及更为罕见的湖水绿色，是碧玺最珍贵的品种之一。市场上将这种含铜的蓝色到绿色碧玺称为帕拉伊巴碧玺。

帕拉伊巴碧玺

双色碧玺

双色碧玺：顾名思义就是电气石内有两种颜色，通常一端为红色、另一端为绿色，其他也有一端黄、一端绿的双色碧玺。

西瓜碧玺：就好像一颗西瓜，外面绿色，里面是红色。碧玺的色带特别发育，可由晶体中心向外形成色环，被称为"西瓜碧玺"的就是晶体中心呈红色，外面呈绿色，像西瓜的瓤和皮搭配成的颜色。相传慈禧太后的陪葬物中，就有极品的西瓜碧玺。

西瓜碧玺

碧玺猫眼：常见有红色和绿色两种，高品质的碧玺猫眼不多见，大多为不透明的碧玺猫眼。挑选时要选猫眼的线较细、转动时灵活不会断、不歪斜的为佳。

碧玺变石：在自然光和日光灯下分别呈现蓝绿色和红色，碧玺变石非常稀有。

巴西是碧玺最著名的产地，除了具有"霓虹蓝色"的帕拉伊巴碧玺，还盛产红色、绿色碧玺以及碧玺猫眼，此外巴西产出的优质蓝色透明碧玺还被誉为"巴西蓝宝石"。斯里兰卡是宝石级碧玺最早的产地，主要产出黄色碧玺和褐色碧玺。在俄罗斯、乌拉尔、缅甸、美国和中国新疆、云南、内蒙古等地也出产碧玺，并常有双色和三色的碧玺产出。

海水精华——海蓝宝石

海蓝宝石是3月的生辰石，它既象征着沉着、勇敢，又是幸福和永葆青春的标志。传说中，这种美丽的宝石产于海底，是海水的精华。航海家用它祈祷海神保佑航海安全，称其为"福神石"。除了保佑平安，海蓝宝石也堪称"爱情之石"，寄托了人们找寻爱情的希望和勇气。

海蓝宝石

英文名	Aquamarine
硬度	7.5～8
相对密度	2.72
折射率	1.577～1.583

海蓝宝石是祖母绿的姐妹石，是绿柱石中除祖母绿外，最为珍贵的宝石。因含有致色离子铁，宝石呈天蓝色或海水蓝色。海蓝宝石通常晶体干净、包裹体少、透明度高。

海蓝宝石主要评价要素是颜色、透明度和质量。顾名思义，海蓝宝石的颜色以天蓝色至海水蓝为佳，颜色越蓝越纯正，价格就越高，色浅或偏绿就大大影响其价值。海蓝宝石大多比较干净，大克拉的海蓝宝石才有收藏价值，10ct 左右比较常见，20ct 以上较少，如果达到 50ct 就极稀有了。具有猫眼效应的海蓝宝石价值会倍增。

海蓝宝石主要产地有巴西、马达加斯加、美国、阿根廷、缅甸等国。在非洲一些地区也出产一些原石小于 5ct，但颜色深邃的海蓝宝石；我国的新疆、云南、内蒙古、海南等地也出产海蓝宝石，其中以新疆和云南产的品质最佳。

摩根石

绿柱石中的著名品种除了祖母绿、海蓝宝石，还有一种摩根石，摩根石是粉红色的绿柱石，主要有淡粉色、橘粉色、粉紫色等，很受年轻人喜欢。

深邃神秘——坦桑石

坦桑石深邃神秘的颜色，比蓝宝石更平易近人的价格，使得它成为了时尚的宠儿。著名的电影《泰坦尼克号》中那一枚独一无二的“海洋之心”，就是笑傲群芳的坦桑石。

传说中，一束闪电击中了米尔兰尼群山附近的地区，并在周围的草地上燃起熊熊大火。当大火被熄灭，当地的牧民发现很多蓝色的石头点缀在地面上，这是人们与坦桑石的第一次浪漫邂逅。20 世纪 60 年代末，在坦桑尼亚发现了蓝色至紫色的透明黝帘石晶体，为纪念当时新成立的坦桑尼亚共和国，被命名为坦桑石(Tanzanite)。坦桑石虽很美，但其价值未被世人所认可，直到 1969 年，纽约的蒂芙尼公司经过加工设计并成功推广到世界宝石市场。坦桑石现已成为一种世界流行的宝石，该宝石在国外常被称作“丹泉石”。

坦桑石

坦桑石的矿物名称为黝帘石，常见为不同程度的蓝紫色。很长一段时间，坦桑石都被作为蓝宝石的替代品，坦桑石与蓝宝石相似之处是靛蓝的颜色，区别在于坦桑石的靛蓝色鲜艳、均一，常有紫色调，见不到色带或生长线。硬度比蓝宝石低，因此坦桑石饰品应避免与坚硬物品的摩擦，需要小心呵护。

英文名	Tanzanite
硬度	8
相对密度	3.35
折射率	1.691～1.700

对于坦桑石的评价一般从颜色、透明度、切工、质量等方面进行，其中颜色最为重要。坦桑石的最佳颜色为纯蓝色，或是浓郁的靛蓝色，蓝紫色的坦桑石也很受人喜爱，在蓝色和紫色之间实现了完美融合，神秘浪漫。坦桑石的净度通常较好，可以切割成各种形状，而且体积较大，因此制成首饰格外引人注目。

坦桑石的产地有坦桑尼亚、美国、墨西哥等。坦桑尼亚是世界上宝石级坦桑石的主要出产国。

女性之石——石榴石

石榴石是1月的生辰石，象征信仰和坚贞。石榴石色泽饱满，粒粒晶莹，与石榴的籽十分相似，因此得名“石榴石”。在我国古代，石榴石是多子多福的象征。很多人认为石榴石具有改善血液、美容调养的作用，因此石榴石又被称为女性之石。

石榴石手链

英文名	Garnet
硬度	7～8
相对密度	3.50～4.30
折射率	1.710～1.940

石榴石颜色均匀，常见的石榴石为红色，其实它的颜色种类十分广阔。根据颜色色系不同，主要分为红色系列(粉色、紫红、橙红)、黄色系列(黄色、橘黄、蜜黄、褐黄)、绿色系列(翠绿、橄榄绿、黄绿)。石榴石中可出现星光效应、猫眼效应、变色效应。

石榴石家族庞大，市场上常见红色石榴石，根据颜色的深浅不一在价格上也会有所不同，以紫红色石榴石为最高，其次是玫红、酒红，而一眼看上去很黑的石榴石则为比较次等的。

紫红色的石榴石

在石榴石的其他品种中，翠榴石因具有碧绿的颜色、出众的光泽和色散、产出稀少而价值高昂；而艳绿色的沙弗莱也因产量稀少，颜色夺目，加上蒂芙尼珠宝公司的成功推广，成为深受消费者喜爱的宝石；此外，被称为“芬达石”的橙黄色锰铝榴石也很受欢迎。

沙弗莱石

石榴石常有冰裂，以冰裂越少越好，晶体越通透价格越高。

世界上石榴石的主要产地有斯里兰卡、印度、马达加斯加、美国和中国等。其中优质的翠榴石最著名的产地是俄罗斯的乌拉尔地区；优质的沙弗莱石主要产于坦桑尼亚；橙色的镁铝榴石最早发现于德国巴伐利亚州，最著名的产地在亚美尼亚和美国；市面上紫红色的石榴石多产于巴西。

太阳宝石——橄榄石

橄榄石是8月份的生辰石，也被誉为“幸福之石”，象征着家庭幸福、生活愉悦。古罗马人称橄榄石为“太阳的宝石”，人们相信橄榄石可以驱除邪恶，降伏妖魔。

橄榄石的颜色犹如初生的橄榄新叶，明亮清新、淡雅怡人，因此得名。

橄榄石（图片提供/亓利剑）

橄榄石的内部，常见像睡莲叶一样的内含物，且内含物相当丰富。橄榄石的颜色很有特点，几乎与所有绿色矿物的颜色都不同，是一种草绿—橄榄绿，如果含铁元素高，颜色会加深。

英文名	Peridot
硬度	6.5～7
相对密度	3.34
折射率	1.654～1.690

橄榄石的价格与颜色的深浅息息

相关,也与净度、切工和质量有关。橄榄石颜色越纯正、浓厚、艳丽,其价值越高。选购时,应尽量挑选净度好、瑕疵少的橄榄石饰品。橄榄石硬度低,韧性较差,不能大量放在一起,否则其棱角就会起毛、圆化,从而影响美观和价格。

购买橄榄石饰品时应注意首饰的切工是否完好规则,尽量挑选边棱平直的橄榄石饰品。大颗粒的橄榄石并不多见,半成品橄榄石多在 3ct 以下,3～10ct 的很少见,超过 10ct 则十分罕见。

优质的橄榄石主要产于缅甸、巴西、俄罗斯、美国等,其中以缅甸出产的翠绿色橄榄石品质最高,最受欢迎。此外,我国河北、吉林以及内蒙古都产出品质不错的绿色—黄绿色橄榄石。

希望之石——托帕石

托帕石是 11 月的生辰石,象征着和平与友谊。托帕石是一种古老的宝石,象征太阳的光辉,许多民族把它当作护身符。在欧洲,传说金黄色的托帕石能带来希望,因此托帕石也被称为“希望之石”。

托帕石的矿物名称为黄玉,由于消费者容易将黄玉与黄色玉石名称相互混淆,商业上多采用英文音译名称“托帕石”来标注宝石级的黄玉。托帕石颜色丰富,有红、褐红、粉红、黄、蓝、绿、无色等,质地坚硬且透明度很高,深受人们的喜爱。

英文名	Topaz
硬度	8
相对密度	3.53
折射率	1.619～1.627

托帕石的评价可从颜色、净度、切工和质量等方面进行。其中深红色托帕石的价值最高,其次是粉红色、蓝色和浅黄色,无色者价值最低。红色托帕石透明度好,内含物少。市场上最受欢迎的颜色是雪莉酒般的红色和鲜艳的粉色帝王托帕石。蓝色托帕石根据颜色可分为伦敦蓝、皇家蓝、瑞士蓝,其中伦敦蓝略暗,瑞士蓝为浅蓝色,而皇家蓝最纯粹,颜色浅的蓝色托帕石外观酷似海蓝宝石,但价格却较低。一般蓝色的托帕石都是经过热处理

而得到的稳定的颜色。优质的托帕石还要求内部洁净，无瑕疵、无裂纹、切工规整，具明亮玻璃光泽。

托帕石

托帕石主要产地有巴西、斯里兰卡、俄罗斯、美国、缅甸、澳大利亚、墨西哥、德国、马达加斯加等国。优质的托帕石主要来自巴西，以无色、橙色为主；美国主要产无色和蓝色的托帕石。我国也出产托帕石，以无色为主，产于新疆、内蒙古西部、云南等地。

印加玫瑰——红纹石

近年来市场上悄然兴起一种诱人的天然红色系宝石，它红如樱桃似火，粉如玫瑰娇艳。它夺目的美丽没有人不为之心动，它是阿根廷的国石，是被世人称为“印加玫瑰”的菱锰矿，商业称为红纹石。

英文名	Rhodochrosite
硬度	3～5
相对密度	3.60
折射率	1.597～1.817

红纹石的颜色粉嫩，深受年轻女性的喜爱。很多人认为颜色红艳纯正的红纹石能帮助吸引到合适的异性，有利于家庭美满，夫妻和睦。

红纹石（图片提供/亓利剑）

红纹石的矿物名称为菱锰矿，因含元素锰而致色形成粉红色。红纹石硬度很低，即使经验丰富的珠宝匠人，切磨起来也很容易破碎，因此红纹石不能与其他矿物共同存放，以避免碰撞摩擦。红纹石颜色为粉红色，通常在粉红色底色上可有白色、灰色、褐色或黄色的条纹，也有红色与粉色相间的条带，具纹层状或花边状构造；透明晶体可成深红色。

优质的红纹石要求颜色鲜艳、裂纹少、有较大的块度。有的红纹石带有白色条纹，也有通透、通体粉红、白纹很少的冰种红纹石，这类红纹石色泽鲜艳、光泽灵气、水润娇嫩，价格要比普通红纹石高很多。

红纹石主要产于阿根廷、澳大利亚、德国、罗马尼亚、西班牙、美国、南非等地，中国辽宁、北京等地也有产出。其中世界上最优质的菱锰矿产地在美国科罗拉多州的"甜蜜之家"矿山。

自然精灵——欧泊

英文名	Opal
硬度	5～6
相对密度	2.15
折射率	1.37～1.47

欧泊与碧玺一样，作为10月的生辰石，象征着希望、喜悦和健康。"当自然点缀完花朵，给彩虹着上色，把小鸟的羽毛染好的时候，她把从调色板上扫下来的颜料浇铸在欧泊石里了。"这是

艺术家杜拜对欧泊富有诗意的描述。娇艳的红，神秘的紫，清雅的绿，大自然对欧泊的宠爱非同一般，把最美的颜色都赋予了这种神奇的宝石。

欧泊（图片提供/远兮珠宝）

欧泊的矿物名称为蛋白石，可出现各种体色。欧泊具有典型的变彩效应，在光下转动欧泊可以看到五颜六色的色斑。

不同种类的欧泊具有不同的欣赏价值：

黑欧泊的体色为黑色或深蓝、深灰、深绿、褐色，其中以黑色体色最为理想，因为这种强烈的反差可以使变彩效应更明显。

白欧泊也被称为“牛奶欧泊”，是体色为白色或浅灰色的具有变彩效应的欧泊。白欧泊不能像黑欧泊那样呈现出对比强烈的艳丽色彩，所以价格相对较低。

火欧泊是一种无变彩或者具有少量变彩的透明到半透明品种，体色为橙色、橙红色或者红色，呈半透明—透明状。

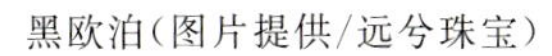

黑欧泊（图片提供/远兮珠宝）　火欧泊（图片提供/远兮珠宝）　白欧泊

不同种类的欧泊

晶质欧泊是具有变彩效应的无色透明—半透明的欧泊。

对欧泊的质量评价主要从颜色、变彩、净度和大小 4 个方面进行综合评价，通常黑欧泊的价值高于其他颜色的欧泊，其次是火欧泊。欧泊的美在于五彩斑斓的色彩，因此强烈的变彩效应和丰富的颜色也是价值的主要决定因素。一般来说，欧泊的净度越好、体积越大，价值就越高。

欧泊的主要出产地为澳大利亚，被誉为澳大利亚的国石，其中新南威尔士州以产优质黑欧泊著称。非洲埃塞俄比亚部分矿区生产的欧泊质量不稳定，容易失水。墨西哥以产出火欧泊闻名。

通透欲滴——葡萄石

葡萄石因其色泽多呈绿色，且产出常呈葡萄状而得名。葡萄石的浅绿色象征着春天的绿柳，充满了生命气息，被称作“希望之石”。近几年来，葡萄石通透细致的质地、优雅清淡的嫩绿色、含水欲滴的透明度、神似顶级冰种翡翠的外观、经济实惠的价格深受大众的喜爱。葡萄石最早在好望角被发现，因此又被称为“好望角祖母绿”。

葡萄石

葡萄石是一种天然玉石，颜色有深绿、灰绿、黄绿等，偶见有灰色的。有些葡萄石会呈现猫眼效应，非常珍贵罕见。

英文名	Prehnite
硬度	6～6.5
相对密度	2.8～2.95
折射率	1.63(点测)

葡萄石，总体来说以绿色调为主，一般带黄色或者灰色调。以黄色调为主的葡萄石，通常颜色比较亮却不鲜艳，带有灰色调，少有出现金黄色，极为稀有珍贵。上好的葡萄石通常为集合体，呈深绿色，且以内部洁净、颜色悦目、颗粒大且圆润饱满为价格评价标准。优质的葡萄石会产生类似玻璃种翡翠一般的“荧光”，非常美丽。

葡萄石主要产地有法国、瑞士、南非、美国等地。

4 彩色宝石赏购

4.1 珠宝首饰设计与加工工艺

(1)珠宝首饰设计

珠宝首饰的美主要包括艺术造型美以及光学效果美。

不同国家的人文特点各异，由此也就产生了迥异的珠宝设计理念，有的风格张扬，有的神采内敛。而正是因为这些差异，才让珠宝的世界更加多样，精彩纷呈。

月光石半人形蜻蜓胸针(法国)

蒂芙尼 石上鸟(美国)

世界著名珠宝

英国珠宝的发展离不开皇室贵族的追捧。这种正统严谨的皇家风范历经几百年更替与变迁却始终传承，造就了英伦珠宝中难以模仿的华贵风范。法国珠宝独特的想象力和精湛的工艺，将洛可可这种繁复的艺术风潮演绎得淋漓尽致，体现了法国人骨子里的古典主义浪漫情怀。意大利珠宝推崇一种天人合一、浑然天成的自然美感，强调珠宝的几何感，方、圆、柱等形态体现了与古老意大利建筑的关联，具有强烈的雕塑感。美国是个多元文化融合的国家，不同种族和文化在美国的融合使其珠宝设计也呈现设计主题多元、兼收并蓄的趋势。

东方首饰讲究质地细腻、做工精良，造型上较欧美首饰纤细，设计上常有寄情寓意的作品，或民族特有的纹样，如龙、凤、蝴蝶、燕子、锦鲤等传统吉祥物。人文特点始终贯穿在东方的设计中，强调意境、传神，追求淡雅、内敛的设计风格，符合东方人含蓄、细腻的性格特征。在材质选择上，西方设计常偏爱宝石，东方设计则偏爱翡翠玉石。

文化融合

东西方珠宝设计艺术的融合

珠宝首饰设计随着人类的科学技术与文化艺术的发展而发生改变。现代首饰设计中，东方珠宝的意境传神越来越多地与西方珠宝的理性写实融合。钻石、彩宝、翡翠玉石等的结合，曲线与几何的碰撞，赋予了珠宝时尚与

文化内涵的交融。在经历了西方国家高调奢华的珠宝潮流后，“中国元素”成了各大珠宝设计师的宠儿。不少世界顶级的珠宝品牌也纷纷推出蕴含中国元素的珠宝，让世人耳目一新。

从矿山开采出来的光秃秃的原石，在成为项颈、指间璀璨斑斓的珠宝之前，经历了“脱胎换骨”的重要环节，那就是宝石琢型的切磨设计。彩色宝石拥有千变万化的光学特性，每颗宝石的不可替代性，都需要设计者对材质进行反复揣摩梳理，赋予它更好的光彩和色泽从而展示出最美的一面。所以，琢型也是一门大学问。一般宝石的基本琢型工艺分为：刻面、弧面。

刻面（红宝石）

弧面（猫眼）

弧面（欧泊）

不同琢型的宝石（图片提供/远兮珠宝）

弧面型切工

又称“素面型”或“凸面型”切工，它的特点是宝石至少有一个弯曲面。宝石是大自然的神奇馈赠，带给我们无以言说的美丽，而其中有一些宝石在特定条件下产生特殊光学效应，就如同“变身”一般（宝石的特殊光学效应，指宝石在光的干涉衍射等作用下呈现的一些奇异光学现象）。为了更好地展示这份美丽，这类宝石往往被加工成弧面型（如欧泊、猫眼等）。

刻面型切工

刻面宝石主要由台面、冠面、腰部和亭部 4 个部分组成。在刻面型琢型设计中各个部分都有特定的功能和特定的琢型与比例。一颗切工好的彩色宝石，当从上方观察时，应能展现出均匀的色泽、可接受的瑕疵、良好的光泽度，并显示出绝大部分的克拉质量。

琢型选择

宝石琢型种类繁多，也在持续不断地设计更新，不能简单地说哪种琢型比另一种更美，只要是自己喜欢的，自然的奥秘与工匠艺术化的结合，都会使每颗宝石散发出更耀眼的光泽。

珠宝首饰作为一种装饰品和情感凝结，或突显自身性格，或象征许诺，或纪念事件。作为一种特殊的文化载体，现代消费者从以往单一对珠宝材质的追求，越来越看重对珠宝形式美的要求。珠宝首饰个性定制的兴起，便是把人们内心深处的愿望诉求，通过设计师之手幻化为实物呈现。

(2)珠宝首饰加工工艺

加工流程

如何成就一件高级珠宝艺术臻品？匠者研技，终而成艺，工匠们对精湛技艺的不懈追求令其得以将鲜活灵魂注入珠宝珍品，成就流传百年的典藏之作。我们看到的首饰光鲜亮丽，演绎万种风情，其实每一枚首饰的成型都要经过诸多过程，设计、制作、打磨、抛光等缺一不可。

手绘

雕蜡起版

倒模

执模

配石

镶嵌

抛光

质检

珠宝首饰加工流程

第一步:设计图纸

第二步:手工雕蜡起版(或电脑 CAD 起版)

第三步:倒模

种蜡树—灌石膏—脱蜡—注入已经熔化配好的金水—炸洗取出金树—

剪切铸。

第四步：执模

执模是指对首饰毛坯进行精心修理的工序，全部以手工进行，用特制研刀在首饰表面来回推动，这项工艺需要一定的技术和手法。

第五步：配石

根据首饰设计图，将钻石或宝石手工分拣，拣出适合的颜色、形状、大小。

第六步：镶嵌宝石

在几十倍的放大镜下微镶宝石。

第七步：抛光（电金）

对金属表面和细节部分做进一步的抛光处理。抛光后的首饰表面光亮无比，给人以光彩夺目的美感。部分首饰需要对表面电金处理，使其表面更加光滑。

第八步：质检

对制作完成的珠宝进行检查，若不合格还要退回前面的工序再重新制作。

镶嵌工艺

镶嵌作为首饰制作的一种重要工艺，上百年来一代代工匠们创造了许许多多的镶嵌方法，或烘托宝石的火彩，或将金属托隐藏得天衣无缝。

爪镶——凸显主石璀璨魅力

爪镶是最常见而且操作相对简单的一种工艺。所谓爪镶，是用细长的金属爪紧紧地“抓住”宝石，因为少了遮挡，让宝石的切面看起来更清晰，也可以让光线从不同的角度射入宝石并反射出来，

爪镶

让宝石各个角度都无比璀璨。

“皇冠”款钻戒就是典型的爪镶,使钻石的美丽得以淋漓尽致地体现,是经典的钻戒款式。

包镶——确保宝石稳固

包镶也称为包边镶,它是用金属边将宝石四周都圈住,是最为牢固的镶嵌方式。

多用于一些较大的宝石,特别是弧面的宝石,因为较大的弧面宝石用爪镶工艺不容易将其扣牢,而且长爪会影响整体美观。

包镶

轨道镶——使饰品表面平滑

轨道镶是一种先在贵金属托架上车出沟槽,然后把钻石夹进槽沟之中的镶嵌方法。轨道镶法适用于相同大小的宝石,利用两边金属承托宝石,表面平滑不会轻易勾到衣物,且比较牢固安全不易损坏。一些昂贵的翡翠和钻石首饰群镶配钻常用此法。

轨道镶

钉镶——令配石精细别致

小小的金属孔抓住每一颗宝石，成为一个精细的底座。钉镶是利用宝石边上的小钉将宝石固定，其排列分布多种多样。适合直径小于3mm的配石的镶嵌。通常应用于碎钻的镶嵌或作为各类饰品外围的点缀，密集式的排列把碎钻的光芒集合起來，令饰品看起来格外熠熠生辉。

钉镶

卡镶——时尚人士的挚爱

卡镶是利用金属材质的张力，固定住定石的腰部，或者腰与底尖的部分，这种工艺比爪镶更为进步，是如今时尚工艺的代表之技，因为宝石的裸露部分比较多，更能表现出宝石本身的切工与火彩。适用于大颗粒高品质的钻石、红蓝宝石等硬度较高不易脆裂的宝石。

卡镶

打孔镶——球状饰品守护者

打孔镶是指在被镶嵌的宝石上打一个小孔，在金属底座上安一根针，针上涂抹专业胶黏剂，然后插入宝石固定。珍珠等球状或近球状的宝石多用此法来呈现。宝石与金属只有一个点接触，能很好地呈现宝石的特色。

打孔镶

无边镶——高难度隐蔽式技法

无边镶是指镶嵌前在镶座底部刻出细小沟槽，镶嵌时将每颗宝石滑入早已排布好的金属镶座，从而使得珠宝成品表面完全不见金属镶爪或镶座，只由艳丽宝石拼出完整画面的方式。无边镶制作的珠宝首饰多以红蓝宝为素材，像祖母绿这种容易脆裂的宝石不太适合此法。

无边镶（图片提供/周大福珠宝珠宝）

组合镶——多样组合新颖别致

组合镶，是在同一宝石上采取各种不同的镶嵌工艺。可以在主石镶嵌中既采用爪镶又采用包镶，也可在群镶中出现钉镶加卡镶等组合。多种材质的组合与烘托，使整件珠宝首饰更具时尚感和装饰艺术美感。

组合镶

以上就是常见的镶嵌工艺，不同的镶嵌工艺有不同的适用性与不同的魅力，但最终目的就是兼顾宝石的美观与佩戴的安全性。

首饰加工工艺评判

我们挑选贵金属镶嵌的珠宝首饰，除了要看宝石的品质，还必须要看该首饰的加工工艺。

检查镶嵌是否牢固

挑选珠宝首饰的时候，确保主石、副石无松动，无掉石，宝石与金属爪吻合无缝。

检查造型是否美观

要求整体协调平滑，比例均匀，宽窄适度。如果首饰是对称型，那它的造型要有很好的对称性。

检查金属表面情况

贵金属表面光滑平顺。做工精细的首饰不会留下粗糙的表面，也不会有凹凸不整的边棱。检查焊接缝的处理，确保焊接点光滑，无虚焊现象。

4.2 珠宝首饰佩戴与保养

(1)珠宝首饰佩戴

人们生活在社会中，各自所处的生活环境、工作岗位不同，各自身份、年龄、外貌、体型、气质、经济状况及活动范围各异，所以对于首饰的佩戴也应有所不同。那么如何适应各人特点和个性，充分发挥自身的长处，掩饰其短处，以达到最佳审美效果呢？在准备佩戴首饰时，应考虑以下几个方面。

首饰佩戴的适合原则

俗话说“量体裁衣”，就是说服饰要因人而异，首饰是服饰的重要组成部分，故首饰佩戴同样遵此原则。应根据各人的体型、脸型、肤色等选择首饰的款式、颜色和大小，努力使首饰的佩戴与个体相互协调、相得益彰，可扬长避短，避免弄巧成拙。这里就从体型、脸型、肤色来进行具体分析。

身材高大

一般不宜佩戴形状单一、颜色艳丽而尺寸又小的珠宝，如小的耳环、窄细的项链等，会给人小气的感觉。可以选择造型大而丰富的首饰。

身材娇小

不宜佩戴一些形状奇特、粒度过大的珠宝，如过长的“V”形项链、太大的吊坠、太宽的戒指等，否则会愈发显得瘦弱。

身材矮胖

应选择细长而造型简洁的项链以增加视觉的延伸，至于耳环、戒指则应粗细得当，过粗令人觉得矮胖，过细则又与其较粗的手指不相称。

身材高瘦

为使脖子显得圆润，宜选择短小而简洁的项链，而耳环、戒指、手镯等则宜选较为华丽的，可使双耳和手吸引人注意而让人忽略高瘦的整体。

方形脸

此脸型给人一种固执严肃之感，可选择直向长于横向的弧形设计，有助于增加脸部的长度、缓和脸部的角度，例如长椭圆形、单水滴形耳坠或串珠耳坠和较长较粗的具线条美的项链饰物，以增添柔顺圆润之感。方形脸的人最好不要佩戴方形的首饰，或者三角形的首饰、五角形的首饰等锐利的耳环、坠子。

长形脸

不宜佩戴细长的项链、耳环、耳坠，可佩戴圆形、方形等横向设计的珠宝首饰，它们圆润方正、弧线优美，或纵向延伸不长具几何图案的耳饰，视觉上能够增加脸的宽度、减少脸的长度，以起平衡作用。切忌佩戴纵向垂感太强的饰物，比较适合佩戴具有"圆效果"的项链，像传统的珍珠、宝石短颈链。

圆形脸

佩戴珠宝首饰与长脸型的人相反，不宜戴项圈、缠绕式珠链或圆形耳环。为了塑造出脸部长度增加、宽度减少的视觉效果，要佩戴细长结构的首饰，如长方形、水滴形等耳环和坠子，它们能让丰腴的脸部线条柔中带刚，可以把脸拉长更添几许英挺之气。

菱形脸

最宜配的耳环莫过于下大上小的形状了，如水滴形、栗子形等。应避免佩戴菱形、心形、倒三角形等坠饰。

三角形脸

对三角脸型（分倒三角和正三角脸型）的人来说，倒三角脸型一般称为瓜子脸，对首饰的款式要求不大，而正三角脸型，则是上窄下宽，宜选用较大的耳坠配合发型，使视觉焦点转移到耳饰。颈部还可以戴上具有拉长效果的长珠链，这样就可以把三角形脸扩展为菱形，起到化妆达不到的效果。

红润肤色

这种天然的红润象征着健康，如果佩戴色彩明亮鲜艳的首饰，更能衬托出皮肤的底色，比如红蓝宝石、碧玺、橄榄石等都是不错的选择。不过需要注意的是，一定不要选择偏暗色系的彩宝，比如深红的石榴石、欧泊等，这些暗色系宝石会让肤色变暗，也不能展现出宝石的魅力。

洁白肤色

肤色偏白的人佩戴一些色彩明亮的深色系彩宝可以增添更多活力，如红碧玺、石榴石、红宝石、蓝宝石等。但是，皮肤偏白的人不适合搭配粉色系和白色系的彩宝，浅淡的粉色不能凸显出白色皮肤的光泽，而白色皮肤也不能映衬出粉色彩宝的光彩，如果是白色的珍珠、砗磲，会让人看起来有些苍白。

略黄皮肤

肤色偏黄的人比较适宜绿色系、紫色系的彩宝饰品，这些色系的彩宝饰品会给肤色偏黄的人增添亮丽，如橄榄石、葡萄石等彩宝饰品。不适宜选择茶晶、黄玉等与肤色相同色调的宝石，会让皮肤看起来更加偏黄。

偏黑皮肤

肤色偏黑的人最好选择暖色调的珠宝首饰。可选用红、橘黄、米黄色的宝石，如红宝石、石榴石和黄玉等，可以使人的面部色彩宜人。粗犷风格的黄金及 K 金镶蓝色宝石首饰也可以更好地显示阳刚之气。不宜佩戴白色或粉色宝石，以免对比强烈而使皮肤显得更黑。

首饰佩戴的适用原则

首饰的适用性原则主要是指不同场合应佩戴不同的首饰，使首饰的质地、款式、色彩等适应不同气氛，达到实用与美观的和谐统一。得当的首饰佩戴不仅能为人气质加分，更有助于在社交关系中赢得自信、彰显风采。

适用原则首先是注意场合，包括两个问题，一是什么场合能戴，什么场合不能戴；二是能戴的情况下怎么戴。在一般观念中，认为只有正式的场合才适合佩戴珠宝首饰，别的场合则不太适合，其实只要懂得搭配，任何场合均可以佩戴首饰。

正式场合

一般是要求佩戴高档的成套首饰。对于套装的珠宝搭配要格外慎重，否则可能会闹笑话。套饰在材质、风格、工艺上有一定的要求，要求一致性。

两件套饰，应用的范围较广，可以搭配套装出入大部分场合，要求首饰的材料、造型、工艺与环境、服饰相配即可。

职场

职场着装以西装、制服为主，体现的是庄重、干练的气质，因此珠宝首饰的造型不要过于繁杂，应选择大小适中，形状线条简洁的珠宝首饰。为了突破职业装单调的色彩，可以在胸前、发际搭配一些色彩生动的中小型彩色宝石，在职业装的正式严肃之外，突显出女性的生机和美丽。在选择彩色宝石时一定要注意宝石的品级，色彩要纯正艳丽，火彩要好，要有灵气。

家居休闲

在这种非正式场合中，佩戴有设计的彩色宝石首饰较好，与休闲服搭配，于平淡中透出一种别样风味，彰显自身品味的同时也会给家人和好友一种热情和轻松的感觉。

不同场合的相应款式

以项链为例：短项链，约长 40cm，适合搭配低领上装；中长项链，约长 50cm，可广泛使用；长项链，约长 60cm，适合女士于社交场合佩戴；特长项链，约长 70cm 以上，适合女士在隆重的社交场合佩戴。

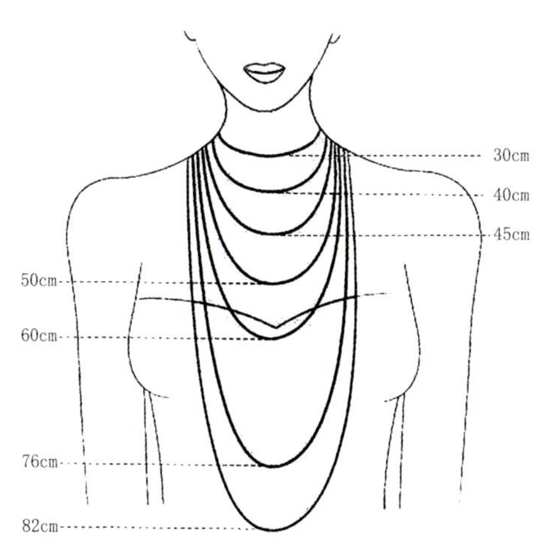

不同的项链长度适合不同的场合

首饰佩戴的适度原则

首饰的佩戴,贵在适度。它既不在于首饰的数量多寡,也不在于首饰价值的贵贱,而在于选配的得当。珠翠满头,可以夸耀富有,却是喧宾夺主,给人杂乱无章之感。一般只有在非常隆重的场合,才适宜佩戴套饰,但也要主次分明。应该根据整体要求,运用对比调和、均衡节奏等形式美的规律,有重点地佩戴,以达到和谐秀美、清新悦目。若同时佩戴两件或两件以上首饰,则力求同色、同质。佩戴镶嵌首饰时,应使其主色调保持一致。

首饰佩戴的适时原则

人们在一定的时空条件下对某种能够反映时代精神的首饰产生相同的兴趣,形成一种新兴的首饰消费潮流,就是首饰的流行潮流。比如极简、低调、有设计感的"小"配饰,近来成为时装搭配高手们的心头好。它们日常搭配度高,可搭配一切风格的装束,起到画龙点睛的效果,表达"少即是多"的哲学。无论是日间的办公室,或是晚间的聚会,都能相得益彰。

适时即顺应时尚,又顺应季节。

春季

春季人们穿着的色彩与款式非常丰富,可以佩戴各种不同质地和色彩的首饰,其中以镶有绿色宝石的首饰为最佳。绿色与春色融为一体,给人一种融于大自然的美感。

夏季

夏季是最适合戴首饰的季节。因为身体裸露的部分比较多,无论是项链、手镯、臂环还是耳坠都可以有展示的机会。由于夏装衣料单薄,款式简练,首饰宜选纤细、别致的款式,如铂金饰品、水晶饰品等,务求色调淡雅,晶莹闪光,观之令人赏心悦目。

秋冬季

秋冬季由于服装面料较为厚重,宜配各种有质感和分量的首饰,冷色调的外套可以选择色彩较为丰富的项链、戒指、耳环、胸针、别针等,比如黑色的大衣宜选配彩宝首饰提亮色彩。

首饰佩戴的习俗原则

不同的地区、不同的民族，佩戴首饰的习惯多有不同。对此，一是要了解，二是要尊重。比如国际上比较流行的戒指的佩戴法则：大拇指代表权势；食指表示未婚；中指表示已经在恋爱中；无名指表示已经订婚或结婚；小指表示独身。

珠宝首饰的佩戴，既要考虑其人，其环境，又要考虑整体的效果，要注意到诸多因素间的关系。协调一致的搭配，恰当的点缀，才能起到佩戴首饰的效果。

(2)珠宝首饰保养

很多珠宝首饰不仅价格昂贵，还可能有特殊的纪念意义。但面对时间的洗礼，当初不惜重金买下的各种首饰逐渐褪去光芒，实在令人伤神！只有多了解保养知识，才能让我们心爱的珠宝首饰保持持久光鲜亮丽。

正确佩戴

首先，避免碰撞挤压饰品，避免做粗重工作时佩戴，以免贵金属托架变形、磨损，宝石损伤脱落。其次，佩戴一些爪镶类的首饰时，防止勾挂上衣服、丝袜或者包包上面的线条，导致宝石脱落。佩戴珠宝应在梳洗完毕并穿好衣服之后，这样不仅能够避免装扮时对珠宝造成损伤，还能有效防止形状各异的珠宝对衣物造成勾挂等。

拒绝“爱不释手”

“爱不释手”对珠宝首饰是有损害的。在我们触摸时，人体本身的汗液、油渍会在珠宝上面留下一些污渍，影响宝石的亮度与光泽。睡觉时请摘掉珠宝首饰，一方面可以避免坚硬的饰品令身体不适；另一方面可以避免首饰磨损，引起变形、断裂。

✦远离酸碱等化学物质

化妆品、香水、醋、涂改液等包含的化学成分都很多。洗手、洗澡、甚至做简单的家务时都会引起化学物质对珠宝和金属的腐蚀，使其失去光泽或变色，此时要尽量取掉珠宝首饰。建议日常用首饰清洗液小心清洗，每半年送珠宝店进行专业清洗。

✦经常检查珠宝状况

日常佩戴前后请例行检查锁扣及镶石是否牢固，建议每半年将镶嵌珠宝饰品送珠宝店进行专业维护、检查调整。

✦注意单独保存

应该将不同的首饰单独存放，请勿将珠宝饰品混放在抽屉或首饰盒内，以免相互摩擦损伤。

4.3 珠宝首饰选购

(1)常见购买误区

✦去产地买珠宝

“去南非买钻石，结果质次价高……”“去缅甸买梦寐以求的‘鸽血红’，结果买回来的是合成红宝石”，更惨的还有买到玻璃的……此类报道屡见不鲜。一些消费者外出旅游，若目的地刚好是某宝石的产地，就认为产地肯定可以淘到性价比超高的宝石。但事实往往事与愿违，可能花了比当地商场专卖店高出几倍的价钱，买到的却是假货。这些教训告诉我们，普通消费者到异国他乡的原产地旅游时买珠宝风险巨大，你人一走，即便发现假货也维权无门。

"跳楼价"时买珠宝

"打一折""买一送五"……因为贪便宜而栽跟头的例子，每天都在发生。珠宝是贵重物品，不设限保质期，不可能价格超低还可以随便砍价。这些不过是商家的数字游戏、文字游戏，切记勿贪小便宜，多关注珠宝本身的品质，多了解价格，对比成交价而不是标价。近几年有商家用"大篷车"式销售，打一枪换一个地方，若消费者发现吃亏上当了，也是有苦难言。

有证书就"OK"

很多消费者觉得只要珠宝配备了证书就可以放心购买，但很多证书并不权威、不规范，尤其是在国外的市场，即使拿到证书也可能因为看不懂而落入陷阱。有的外文证书明确标注了是合成宝石，消费者却当天然宝石买回来，结果投诉无门。更有甚者，有消费者去某国旅游买了红蓝宝饰品配了当地的鉴定证书，回国到检测机构复检，发现都是玻璃制品！所谓的鉴定证书也不过是商家自己出具的销售证明罢了。

运气好能捡漏

千万不要迷信捡漏，"馅饼"往往是"陷阱"。如果见到的宝石内部干净，颜色又非常浓艳，却价格便宜，那么一定要提高警惕，因为很有可能遇到了合成宝石或者仿制品。

近来，线上销售开启了珠宝销售的新模式，很多消费者热衷于线上直播等途径购买，收到实物之后发现和之前看到的视觉效果差距很大。因此，选购要谨慎，贵重珠宝最好在看到实物后再成交。

常见珠宝陷阱

以次充好：以低价宝石充当高价宝石。如用无色的锆石假冒钻石；用蓝黄玉假冒海蓝宝石；用红色石榴石假冒红宝石。

以假充真：以人工宝石充当天然宝石。如用合成红宝石、合成祖母绿假冒天然的红宝石、祖母绿，用拼合珍珠假冒珍珠。尽管外观相似但价值不同。

移花接木：以处理过的宝石充当天然高档宝石。如用染色翡翠假冒天然高绿翡翠；用染色黑珍珠假冒天然高档黑珍珠。即使改头换面，其价值与天然真品相差甚远。

混淆视听：故意使用含混不清且易混淆的名词，误导欺骗消费者。如"奥地利水晶钻"其实是合成立方氧化锆，这明显违背了国家标准对珠宝玉石首饰命名的原则。

(2)珠宝首饰选购建议

珠宝首饰已是"旧时王谢堂前燕，飞入寻常百姓家"。为了购买到称心如意、货真价实的珠宝饰品，建议如下：

·购买珠宝饰品，首先要确保货真，然后比较款式、工艺和价格，完善的售后服务保障也非常重要。

·鉴定证书是珠宝饰品的身份证明，是所购饰品的质量保证，购买贵重饰品应向商家索要证书并妥善保存。

·购货凭证是得到完善售后服务的有效凭据，应妥善保存。

·不同的珠宝饰品有不同的保养需求，应该向销售人员仔细询问，并依此保养。

·不要轻信高标价、低折扣的销售方式，买前要多看、多比较。

为了有良好的消费体验，买到质优价实的珠宝首饰，更好地保护自己的合法权益，建议首选信誉质量有保证的专卖店、大商场、知名拍卖机构，挑选配有由有资质的权威机构出具鉴定证书的珠宝饰品，然后索取写明珠宝饰品全称的销售凭证、“三包”卡等并妥善保管。

(3)彩色宝石的鉴定证书

宝石的颜色、净度、质量、尺寸、切工、优化处理方式等因素很大程度上影响着宝石的价格。所谓“内行看东西，外行看证书”，对于普通消费者而言，能一眼看出宝石真假的人还是少数，我们能信赖的主要还是珠宝鉴定证书。珠宝鉴定证书是由符合鉴定资格的专业机构和专业人士出具的对珠宝首饰真假及属性的公信证明，是每颗宝石所独有的“身份证”。随着造假者的水平越来越高，消费者识别真假变得越来越困难，越来越需要这张“身份证”来帮助我们认识宝石，降低风险。

常见国际权威彩色宝石证书机构有 GRS(瑞士宝石研究鉴定所)、GOBLIN(瑞士古柏林宝石实验室)、GIA(美国宝石学院)、IGI(国际宝石学院)等。

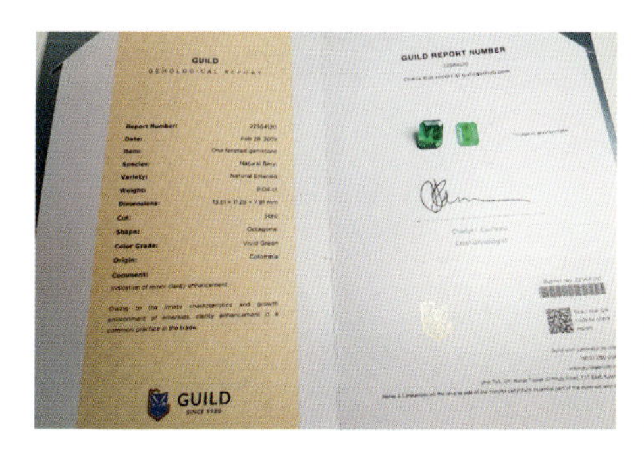

国际权威彩色宝石证书

参考文献

潮流收藏编辑部.琥珀蜜蜡[M].北京:北京联合出版公司,2014.

郭颖.宝石鉴赏与投资[M].北京:印刷工业出版社,2012.

国家珠宝玉石质量监督检测中心.红宝石分级(GB/T 32863—2016)[S].北京:中国标准出版社,2016.

国家珠宝玉石质量监督检测中心.蓝宝石分级(GB/T 32862—2016)[S].北京:中国标准出版社,2016.

国家珠宝玉石质量监督检测中心.珠宝玉石鉴定(GB/T 16553—2010)[S].北京:中国标准出版社,2010.

侯舜瑜.老侯说玉[M].广州:华南理工大学出版社,2014.

李耿.有机宝石[M].北京:化学工业出版社,2019.

李娅莉,薛秦芳,李立平,等.宝石学教程[M].2版.武汉:中国地质大学出版社,2011.

任进.珠宝首饰设计[M].北京:海洋出版社,1998.

汤惠民.行家这样买翡翠[M].南昌:江西科学技术出版社,2012.

汤惠民.行家这样买珠宝[M].南昌:江西科学技术出版社,2013.

王蓓,等.珠宝玉石饰品基础[M].武汉:中国地质大学出版社,2013.

王雅玫.琥珀宝石学[M].武汉:中国地质大学出版社,2019.

余晓艳.有色宝石学教程[M].北京:地质出版社,2015.

袁心强.应用翡翠宝石学[M].武汉:中国地质大学出版社,2009.

张蓓莉,等.世界主要彩色宝石产地研究[M].北京:地质出版社,2012.

张蓓莉,等.系统宝石学[M].北京:地质出版社,2006.

张蓓莉,等.珠宝首饰评估[M].北京:地质出版社,2001.

[美]阿纳斯塔西娅·杨.顶级珠宝设计[M].崔静,译.北京:电子工业出版社,2016.

[英]金克斯·麦克格兰斯.珠宝首饰制作工艺手册[M].张晓燕,译.北京:中国纺织出版社,2013.